AF433607

safeCreative
1 208220 666580
Registered works

ISBN: 9798487934741

Mantenimiento Industrial

Gestión, prevención, corrección, predicción, usos

Edición EMD

Primera edición

Comunidad Europea

2021

Índice

Mantenimiento. Conceptos - 13

Mantenimiento correctivo: Diagnóstico fallos equipos - 149

Análisis de averías - 187

Técnicas de mantenimiento predictivo - 217

Diagnóstico de averías por análisis de la degradación y contaminación del aceite - 236

Mantenimiento. Conceptos

Se entiende por Mantenimiento a la función empresarial a la que se encomienda el control del estado de las instalaciones de todo tipo, tanto las productivas como las auxiliares y de servicios. En ese sentido se puede decir que el mantenimiento es el conjunto de acciones necesarias para conservar o restablecer un sistema en un estado que permita garantizar su funcionamiento a un coste mínimo. Conforme con la anterior definición se deducen distintas actividades:

- Prevenir y/o corregir averías.
- Cuantificar y/o evaluar el estado de las instalaciones.
- Aspecto económico (costes).

En los años 70, en Gran Bretaña nació una nueva tecnología, la Terotecnología (del griego conservar, cuidar) cuyo ámbito es más amplio que la simple conservación: "La Terotecnología es el conjunto de prácticas de Gestión, financieras y técnicas aplicadas a los activos físicos para reducir el "coste del ciclo de vida".

El concepto anterior implica especificar una disponibilidad de los diferentes equipos para un tiempo igualmente especificado. Todo ello nos lleva a la idea de que el mantenimiento empieza en el proyecto de la máquina. En efecto, para poder llevar a cabo el mantenimiento de manera adecuada es imprescindible empezar a actuar en la especificación técnica (normas, tolerancias, planos y demás documentación técnica a aportar por el suministrador) y seguir con su recepción, instalación y puesta en marcha; estas actividades cuando son realizadas con la participación del personal de mantenimiento deben servir para establecer y documentar el estado de referencia. A ese estado nos referimos durante la vida de la máquina cada vez que hagamos evaluaciones de su rendimiento, funcionalidades y demás prestaciones.

Son misiones del mantenimiento:

- La vigilancia permanente y/o periódica.
- Las acciones preventivas.
- Las acciones correctivas (reparaciones).
- El reemplazamiento de maquinaria.

La función mantenimiento en la empresa

Los objetivos implícitos son:

Aumentar la disponibilidad de los equipos hasta el nivel preciso.

Reducir los costes al mínimo compatible con el nivel de disponibilidad necesario.

Mejorar la fiabilidad de máquinas e instalaciones.

Asistencia al departamento de ingeniería en los nuevos proyectos para facilitar la mantenibilidad de las nuevas instalaciones.

Historia y evolución del mantenimiento

El término "mantenimiento" se empezó a utilizar en la industria hacia 1950 en EE.UU. En Francia se fue imponiendo de forma progresiva el término "entretenimiento".

El concepto ha ido evolucionando desde la simple función de arreglar y reparar los equipos para asegurar la producción (entretenimiento) hasta la concepción actual del mantenimiento con funciones de prevenir, corregir y revisar los equipos a fin de optimizar el coste global:

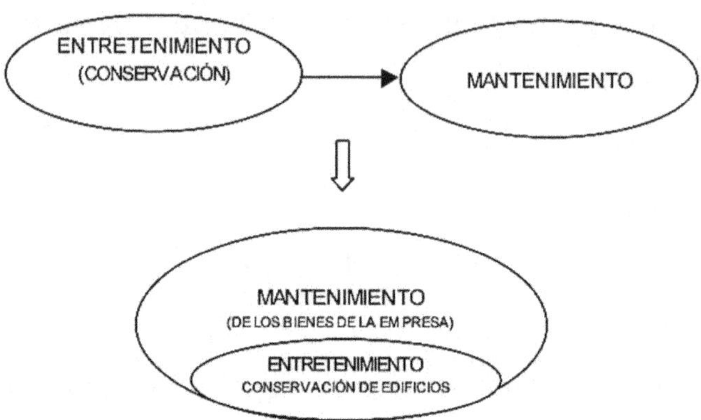

Los servicios de mantenimiento, no obstante, lo anterior, ocupan posiciones muy variables dependientes de los tipos de industria:

Posición fundamental en centrales nucleares e industrias aeronáuticas.

Posición importante en industrias de proceso.

Posición secundaria en empresas con costos de paro bajos.

En cualquier caso, podemos distinguir cuatro generaciones en la evolución del concepto de mantenimiento:

1ª Generación: La más larga, desde la revolución industrial hasta después de la 2ª Guerra Mundial, aunque todavía impera en muchas industrias. El

Mantenimiento se ocupa sólo de arreglar las averías. Es el Mantenimiento Correctivo.

2ª Generación: Entre la 2ª Guerra Mundial y finales de los años 70 se descubre la relación entre edad de los equipos y probabilidad de fallo. Se comienza a hacer sustituciones preventivas. Es el Mantenimiento Preventivo.

3ª Generación: Surge a principios de los años 80. Se empieza a realizar estudios Causa-Efecto para averiguar el origen de los problemas. Es el Mantenimiento Predictivo o detección precoz de síntomas incipientes para actuar antes de que las consecuencias sean inadmisibles. Se comienza a hacer partícipe a Producción en las tareas de detección de fallos.

4ª Generación: Aparece en los primeros años 90. El Mantenimiento se contempla como una parte del concepto de Calidad Total: "Mediante una adecuada gestión del mantenimiento es posible aumentar la disponibilidad al tiempo que se reducen los costos.

Es el Mantenimiento Basado en el Riesgo (MBR): Se concibe el mantenimiento como un proceso de la empresa al que contribuyen también otros departamentos. Se identifica el mantenimiento como fuente de beneficios, frente al antiguo concepto de mantenimiento como "mal necesario". La posibilidad de que una máquina falle y las consecuencias asociadas para la empresa es un riesgo que hay que gestionar, teniendo como objetivo la disponibilidad necesaria en cada caso al mínimo coste.

Se requiere un cambio de mentalidad en las personas y se utilizan herramientas como:

Ingeniería del Riesgo (Determinar consecuencias de fallos que son aceptables o no).

Análisis de Fiabilidad (Identificar tareas preventivas factibles y rentables).

Mejora de la Mantenibilidad (Reducir tiempos y costes de mantenimiento).

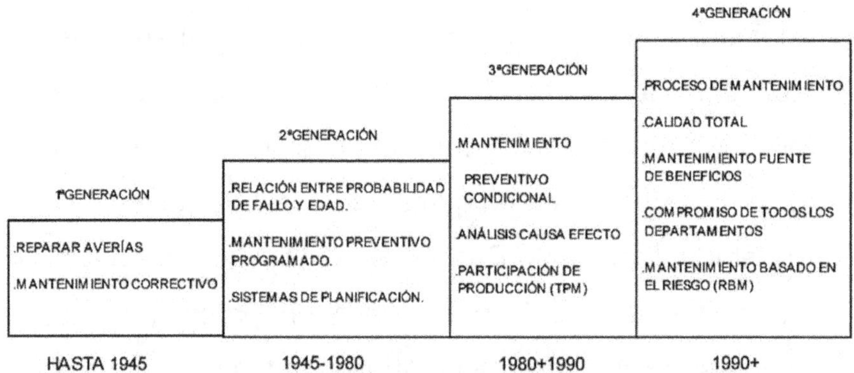

Áreas de acción del mantenimiento

De lo dicho hasta aquí se deducen las tareas de las que un servicio de mantenimiento, según el contexto, puede ser responsable:

Mantenimiento de equipos.

Realización de mejoras técnicas.

Colaboración en las nuevas instalaciones: especificación, recepción y puesta en marcha.

Recuperación y nacionalización de repuestos.

Ayudas a fabricación (cambios de formato, proceso, etc.).

Aprovisionamiento de útiles y herramientas, repuestos y servicios (subcontratación).

Participar y Promover la mejora continua y la formación del personal.

Mantener la Seguridad de las instalaciones a un nivel de riesgo aceptable.

Mantenimientos generales (Jardinería, limpiezas, vehículos, etc.).

Todo ello supone establecer:

La Política de Mantenimiento a aplicar.

Tipo de mantenimiento a efectuar.

Nivel de preventivo a aplicar.

Los Recursos Humanos necesarios y su estructuración.

El Nivel de Subcontratación y tipos de trabajos a subcontratar.

La Política de stocks de repuestos a aplicar.

De lo que se deduce la formación polivalente requerida para el técnico de mantenimiento.

Organización del mantenimiento

Antes de entrar en otros detalles concretos del mantenimiento abordaremos dos aspectos que afectan a la estructuración del mantenimiento:

- Dependencia Jerárquica.
- Centralización/Descentralización.

a) Dependencia Jerárquica.

En cuanto a su dependencia jerárquica es posible encontrarnos con departamentos dependientes de la dirección y al mismo nivel que fabricación:

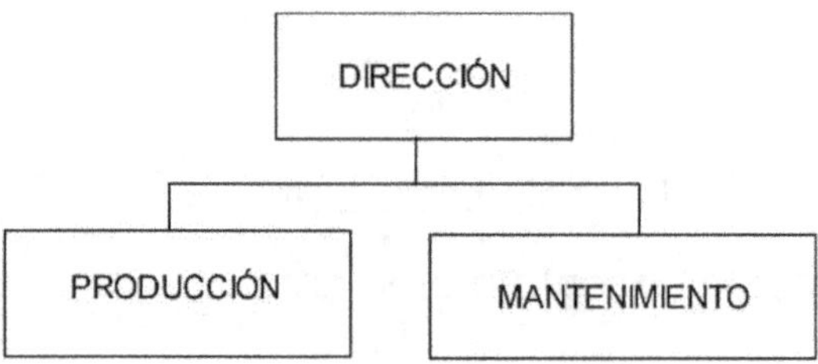

o integrados en la producción para facilitar la comunicación, colaboración e integración:

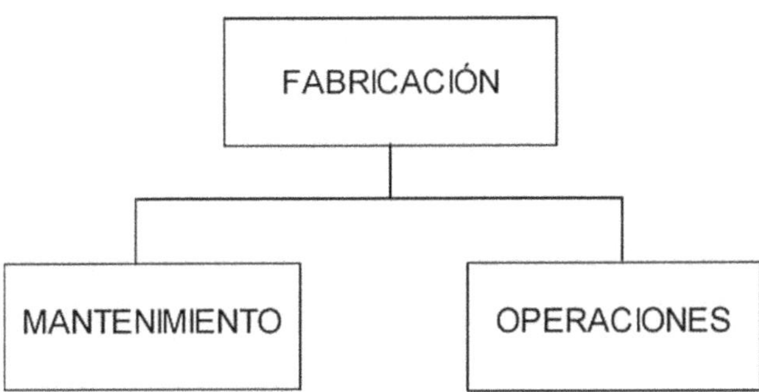

b) Centralización/Descentralización.

Nos referimos a la posibilidad de una estructura piramidal, con dependencia de una sola cabeza para toda la organización o, por el contrario, la existencia de diversos departamentos de mantenimiento establecidos por plantas productivas o cualquier otro criterio geográfico.

Del análisis de las ventajas e inconvenientes de cada tipo de organización se deduce que la organización ideal es la "Centralización Jerárquica junto a una descentralización geográfica".

La Centralización Jerárquica proporciona las siguientes ventajas:

- Optimización de Medios
- Mejor dominio de los Costos
- Procedimientos Homogéneos
- Seguimiento de Máquinas y Averías más homogéneo
- Mejor Gestión del personal

Mientras que la Descentralización Geográfica aportaría éstas otras ventajas:

- Delegación de responsabilidad a los jefes de áreas.
- Mejora de relaciones con producción.
- Más eficacia y rapidez en la ejecución de trabajos.
- Mejor comunicación e integración de equipos polivalentes.

De lo anterior se deduce un posible organigrama tipo:

Del que caben hacer los siguientes comentarios:

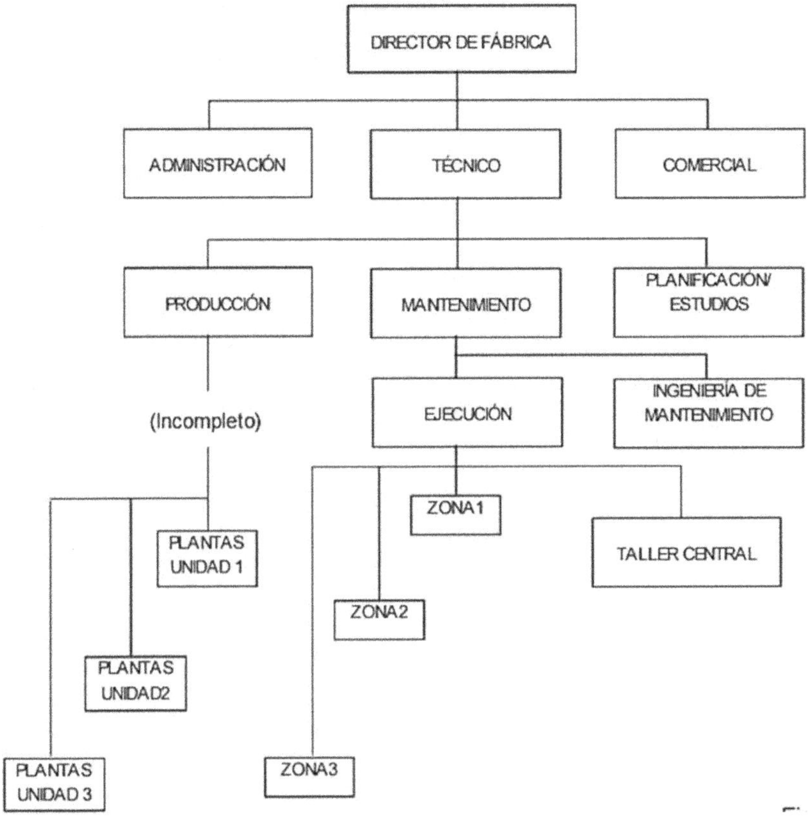

1. Producción y Mantenimiento deben estar al mismo nivel, para que la política de mantenimiento sea racional.

2. La importancia de los talleres de zonas, que aportan las siguientes ventajas:

- Equipo multidisciplinar.
- Mejor coordinación y seguimiento del trabajo.

- Facilita el intercambio de equipos.

- Clarifica mejor las responsabilidades.

3. La necesidad de la unidad "ingeniería de mantenimiento", separada de la ejecución, permite atender el día a día sin descuidar la preparación de los trabajos futuros, analizar los resultados para conocer su evolución y, en definitiva, atender adecuadamente los aspectos de gestión sin la presión a que habitualmente se encuentran sometidos los responsables de ejecución.

Tipos y niveles de mantenimiento
Los distintos tipos de Mantenimiento que hasta ahora hemos comentado quedan resumidos en la Figura:

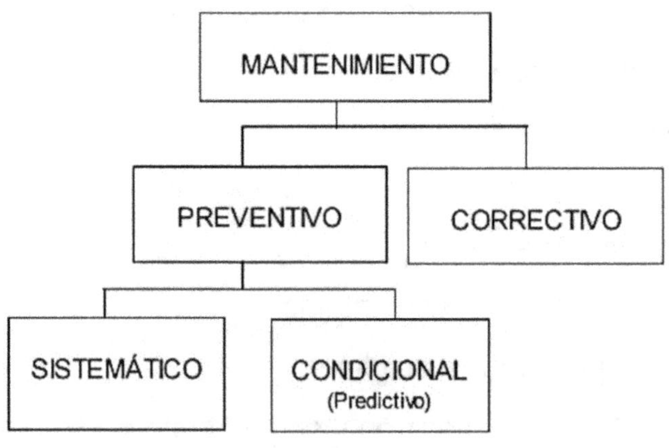

-El Mantenimiento Correctivo, efectuado después del fallo, para reparar averías.

-El Mantenimiento Preventivo, efectuado con intención de reducir la probabilidad de fallo, del que existen dos modalidades:

El Mantenimiento Preventivo Sistemático, efectuado a intervalos regulares de tiempo, según un programa establecido y teniendo en cuenta la criticidad de cada máquina y la existencia o no de reserva.

El Mantenimiento Preventivo Condicional o según condición, subordinado a un acontecimiento predeterminado.

-El Mantenimiento Predictivo, que más que un tipo de mantenimiento, se refiere a las técnicas de detección precoz de síntomas para ordenar la intervención antes de la aparición del fallo.

Un diagrama de decisión sobre el tipo de mantenimiento a aplicar, según el caso, se presenta en la Figura siguiente:

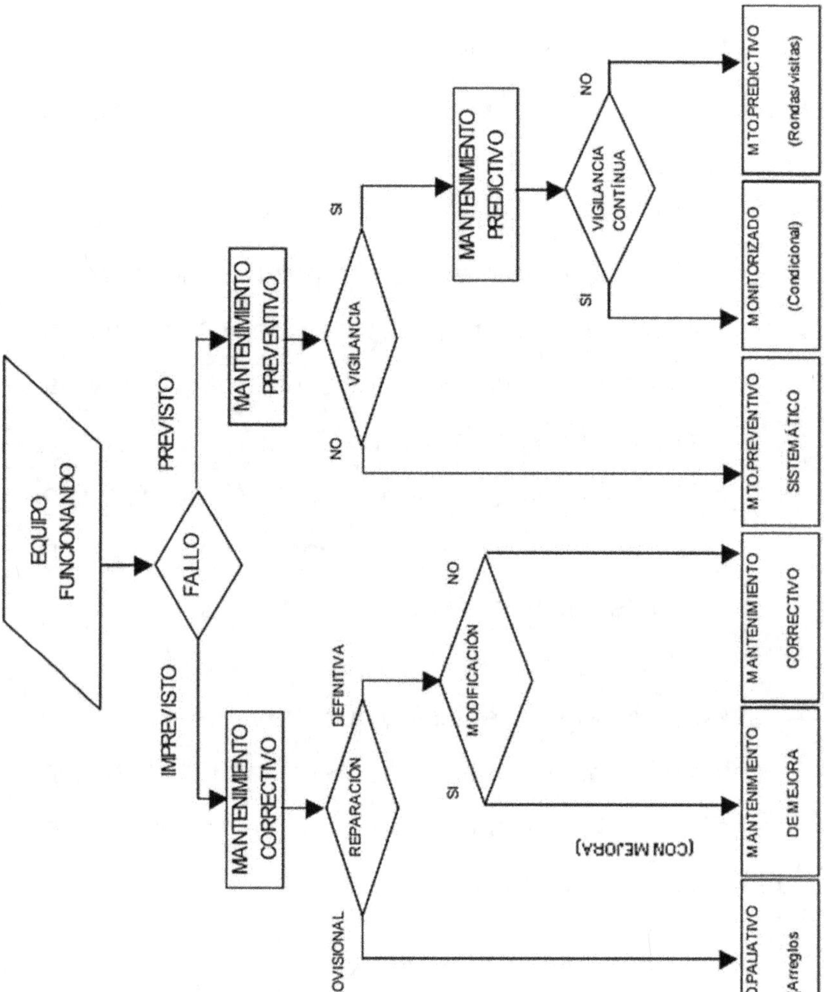

EQUIPO FUNCIONANDO
FALLO
PREVISTO
IMPREVISTO
MANTENIMIENTO PREVENTIVO
MANTENIMIENTO CORRECTIVO
VIGILANCIA
SI
NO
MANTENIMIENTO PREDICTIVO
VIGILANCIA CONTINUA
NO
SI
M TO.PREDICTIVO (Rondas/visitas)
MONITORIZADO (Condicional)
M TO.PREVENTIVO SISTEMÁTICO
REPARACIÓN
DEFINITIVA
PROVISIONAL
MODIFICACIÓN
NO
SI
(CON MEJORA)
MANTENIMIENTO CORRECTIVO
MANTENIMIENTO DE MEJORA
M TO.PALIATIVO (Arreglos)

En cuanto a los distintos niveles de intensidad aplicables se presenta un resumen en el cuadro siguiente:

NIVEL	CONTENIDO	PERSONAL	MEDIOS
1	-AJUSTES SIMPLES PREVISTOS EN ÓRGANOS ACCESIBLES. -CAMBIO ELEMENTOS ACCESIBLES Y FÁCILES DE EFECTUAR.	OPERADOR, IN SITU	UTILLAJE LIGERO
2	-ARREGLOS POR CAMBIO ESTANDAR -OPERACIONES MENORES DE PREVENTIVO (RONDAS/GAMAS).	TÉCNICO HABILITADO, IN SITU	UTILLAJE LIGERO + REPUESTOS NECESARIOS EN STOCK.
3	-IDENTIFICACIÓN Y DIAGNÓSTICO DE AVERÍAS. -REPARACIÓN POR CAMBIO DE COMPONENTES Y REPARACIONES MECÁNICAS MENORES.	TÉCNICO ESPECIALIZADO, IN SITU O TALLER.	UTILLAJE + APARATOS DE MEDIDAS + BANCO DE ENSAYOS, CONTROL, ETC.
4	-TRABAJOS IMPORTANTES DE MANTENIMIENTO CORRECTIVO Y PREVENTIVO.	EQUIPO DIRIGIDO POR TÉCNICO ESPECIALIZADO (TALLER).	UTILLAJE ESPECÍFICO + MATERIAL DE ENSAYOS, CONTROL, ETC.
5	-TRABAJOS DE GRANDES REPARACIONES, RENOVACIONES, ETC.	EQUIPO COMPLETO, POLIVANTES, EN TALLER CENTRAL.	MÁQUINAS-HERRAMIENTAS Y ESPECÍFICAS DE FABRICACIÓN (FORJA, FUNDICIÓN, SOLDADURA, ETC.)

Ventajas, inconvenientes y aplicaciones de cada tipo de mantenimiento

Mantenimiento Correctivo

-Ventajas

• No se requiere una gran infraestructura técnica ni elevada capacidad de análisis.

• Máximo aprovechamiento de la vida útil de los equipos.

-Inconvenientes

• Las averías se presentan de forma imprevista lo que origina trastornos a la producción.

• Riesgo de fallos de elementos difíciles de adquirir, lo que implica la necesidad de un "stock" de repuestos importante.

• Baja calidad del mantenimiento como consecuencia del poco tiempo disponible para reparar.

-Aplicaciones

• Cuando el coste total de las paradas ocasionadas sea menor que el coste total de las acciones preventivas.

• Esto sólo se da en sistemas secundarios cuya avería no afectan de forma importante a la producción.

• Estadísticamente resulta ser el aplicado en mayor proporción en la mayoría de las industrias.

Mantenimiento Preventivo

-Ventajas

• Importante reducción de paradas imprevistas en equipos.

• Solo es adecuado cuando, por la naturaleza del equipo, existe una cierta relación entre probabilidad de fallos y duración de vida.

-Inconvenientes

• No se aprovecha la vida útil completa del equipo.

• Aumenta el gasto y disminuye la disponibilidad si no se elige convenientemente la frecuencia de las acciones preventivas.

-Aplicaciones

• Equipos de naturaleza mecánica o electromecánica sometidos a desgaste seguro

• Equipos cuya relación fallo-duración de vida es bien conocida.

Mantenimiento Predictivo

-Ventajas

• Determinación óptima del tiempo para realizar el mantenimiento preventivo.

• Ejecución sin interrumpir el funcionamiento normal de equipos e instalaciones.

• Mejora el conocimiento y el control del estado de los equipos.

-Inconvenientes

• Requiere personal mejor formado e instrumentación de análisis costosa.

• No es viable una monitorización de todos los parámetros funcionales significativos, por lo que pueden presentarse averías no detectadas por el programa de vigilancia.

• Se pueden presentar averías en el intervalo de tiempo comprendido entre dos medidas consecutivas.

-Aplicaciones

• Maquinaria rotativa

• Motores eléctricos

• Equipos estáticos

• Aparamenta eléctrica

• Instrumentación

Gestión de equipos

Naturaleza y clasificación de los equipos

Lo primero que debe tener claro el responsable de mantenimiento es el inventario de equipos, máquinas e instalaciones a mantener. El resultado es un listado de activos físicos de naturaleza muy diversa y que dependerá del tipo de industria. Una posible clasificación de todos estos activos se ofrece en la siguiente figura:

Inventario de equipos

La lista anterior, no exhaustiva, pone de manifiesto que por pequeña que sea la instalación, el número de equipos distintos aconseja que se disponga de:

a) Un inventario de equipos que es un registro o listado de todos los equipos, codificado y localizado.

b) Un criterio de agrupación por tipos de equipos para clasificar los equipos por familias, plantas, instalaciones, etc.

c) Un criterio de definición de criticidad para asignar prioridades y niveles de mantenimiento a los distintos tipos de equipos.

d) La asignación precisa del responsable del mantenimiento de los distintos equipos, así como de sus funciones, cuando sea preciso.

El inventario es un listado codificado del parque a mantener, establecido según una lógica arborescente, que debe estar permanentemente actualizado.

La estructura arborescente a establecer en cada caso podría responder al siguiente criterio:

CRITERIO   EJEMPLO

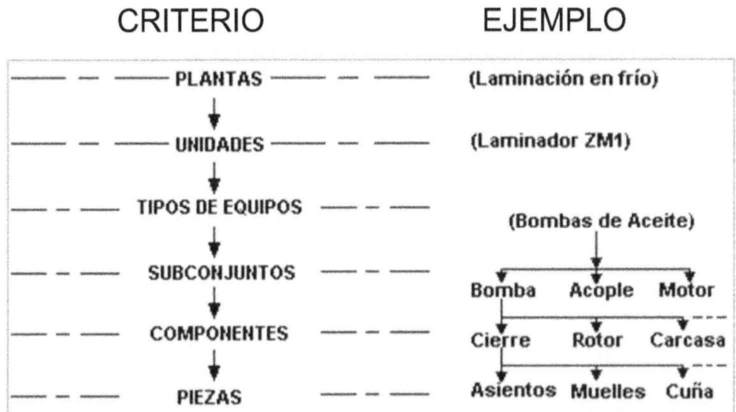

La codificación permite la gestión técnica y económica y es imprescindible para un tratamiento por ordenador.

Dossier-Máquina

También llamado dossier técnico o dossier de mantenimiento. Comprende toda la documentación que permite el conocimiento exhaustivo de los equipos:

-Dossier del fabricante (planos, manuales, documentos de pruebas, etc.).

-Fichero interno de la máquina (Inspecciones periódicas, reglamentarias, histórico de intervenciones, etc.).

El alcance hay que definirlo en cada caso en función de las necesidades concretas y de la criticidad de cada equipo.

Con carácter general se distinguen tres tipos de documentos:

a) Documentos comerciales que son los utilizados para su adquisición:

- Oferta

- Pedido

- Bono de Recepción

- Referencias servicio postventa: distribuidor, representante.

b) Documentos técnicos suministrados por el fabricante y que deben ser exigidos en la compra para garantizar un buen uso y mantenimiento:

- Características de la máquina.

- Condiciones de servicio especificadas.

- Lista de repuestos. Intercambiabilidad.

- Planos de montaje, esquemas eléctricos, electrónicos, hidráulicos.

- Dimensiones y Tolerancias de ajuste.

- Instrucciones de montaje.

- Instrucciones de funcionamiento.

- Normas de Seguridad.

- Instrucciones de Mantenimiento.

- Engrase.

- Lubricantes.

- Diagnóstico de averías.

- Instrucciones de reparación.

- Inspecciones, revisiones periódicas.

- Lista de útiles específicos.

- Referencias de piezas y repuestos recomendados.

Gran parte de esta documentación, imprescindible para ejecutar un buen mantenimiento, es exigible legalmente en España (Reglamento de Seguridad en Máquinas).

c) Fichero Interno formado por los documentos generados a lo largo de la vida del equipo.

Se debe definir cuidadosamente la información útil necesaria.

No debe ser ni demasiado escasa, ni demasiado amplia, para que sea práctica y manejable:

- Codificación.

- Condiciones de trabajo reales.

- Modificaciones efectuadas y planos actualizados.
- Procedimientos de reparación.
- Fichero histórico de la Máquina.

Fichero histórico de la máquina

Describe cronológicamente las intervenciones sufridas por la máquina desde su puesta en servicio. Su explotación posterior es lo que justifica su existencia y condiciona su contenido. Se deben recoger todas las intervenciones correctivas y, de las preventivas, las que lo sean por imperativo legal, así como calibraciones o verificaciones de instrumentos incluidos en el plan de calibración (Manual de Calidad). A título de ejemplo:

- Fecha y número de OT (Orden de Trabajo)
- Especialidad
- Tipo de fallo (Normalizar y codificar)
- Número de horas de trabajo. Importe
- Tiempo fuera de servicio

Datos de la intervención:

- Síntomas
- Defectos encontrados

- Corrección efectuada

Recomendaciones para evitar su repetición

Con estos datos será posible realizar los siguientes análisis:

a) Análisis de fiabilidad: Cálculos de la tasa de fallos, MTBF, etc.

b) Análisis de disponibilidad: Cálculos de mantenibilidad, disponibilidad y sus posibles mejoras.

c) Análisis de mejora de métodos: Selección de puntos débiles, análisis AMFE.

d) Análisis de repuestos: Datos de consumos y nivel de existencias óptimo, selección de repuestos a mantener en stock.

e) Análisis de la política de mantenimiento:

- Máquinas con mayor número de averías
- Máquinas con mayor importe de averías
- Tipos de fallos más frecuentes

El análisis de estos datos nos permite establecer objetivos de mejora y diseñar el método de mantenimiento (correctivo - preventivo - predictivo) más adecuado a cada máquina.

Repuestos. Tipos

En cualquier instalación industrial, para poder conseguir un nivel de disponibilidad aceptable de la máquina, es necesario mantener un stock de recambios cuyo peso económico es, en general, respetable.

Distinguiremos tres actividades básicas en relación con la gestión de repuestos:

1.- Selección de las piezas a mantener en stock.

La primera cuestión a concretar es establecer las piezas que deben permanecer en stock. Es fundamental establecer una norma donde se especifique la política o criterios para crear stocks de repuestos. El riesgo que se corre es tener almacenes excesivamente dotados de piezas cuya necesidad es muy discutible, por su bajo consumo. Como consecuencia de ello se incrementan las necesidades financieras (incremento del inmovilizado), de espacio para almacenarlas y de medios para su conservación y control. Por el contrario, un almacén insuficientemente dotado generará largos periodos de reparación e indisponibilidad de máquinas, por falta de repuestos desde que se crea la necesidad hasta que son entregados por el proveedor.

Debe establecerse, por tanto, con sumo cuidado los criterios de decisión en función de:

- La criticidad de la máquina.
- El tipo de pieza (si es o no de desgaste seguro, si es posible repararla, etc.).
- Las dificultades de aprovisionamiento (si el plazo de entrega es o no corto).

Se facilita la gestión clasificando el stock en distintos tipos de inventarios:

Stock Crítico: piezas específicas de máquinas clasificadas como críticas. Se le debe dar un tratamiento específico y preferente que evite el riesgo de indisponibilidad.

Stock de Seguridad: Piezas de muy improbable avería, pero indispensables mantener en stock, por el tiempo elevado de reaprovisionamiento y grave influencia en la producción en caso de que fuese necesaria para una reparación (v. gr. rotor de turbocompresor de proceso, único).

Piezas de desgaste seguro: constituye la mayor parte de las piezas a almacenar (cojinetes, válvulas de compresor, etc.).

Materiales genéricos: válvulas, tuberías, tornillería diversa, juntas, retenes, etc. que por su elevado consumo interese tener en stock.

Fijar el nivel de existencias

A continuación, para cada pieza habrá que fijar el número de piezas a mantener en stock. Se tendrá en cuenta para ello en primer lugar el tipo de inventario al que pertenece (crítico, de seguridad, otros) y, a continuación, los factores específicos que condicionan su necesidad:

-Número de piezas iguales instaladas en la misma máquina o en otras (concepto de intercambiabilidad).

-Consumo previsto.

-Plazo de reaprovisionamiento.

Gestión de Stocks

La gestión de stocks de repuestos, como la de cualquier stock de almacén, trata de determinar, en función del consumo, plazo de reaprovisionamiento y riesgo de rotura del stock que estamos dispuestos a permitir, el punto de pedido (cuándo pedir) y el lote económico (cuánto pedir). El objetivo no es más que determinar los niveles de stock a mantener de cada pieza de forma que se minimice el coste de mantenimiento de dicho stock más la pérdida de producción por falta de repuestos disponibles. Se manejan los siguientes conceptos:

-Lote económico de compra, que es la cantidad a pedir cada vez para optimizar el coste total de mantenimiento del stock:

$$q_e = \sqrt{\frac{2kD}{bP}}$$

k: costo por pedido (costo medio en €).

D: Consumo anual (en unidades).

b: Precio unitario (en € /u) de la pieza.

P: Tasa de almacenamiento (20÷30%).

La tasa de almacenamiento P, incluye:

Los gastos financieros de mantenimiento del stock.

Los gastos operativos (custodia, manipulación, despacho).

Depreciación y obsolescencia de materiales.

Coste de seguros.

Frecuencia de pedidos: Es el número de pedidos que habrá que lanzar al año por el elemento en cuestión:

$$n = \frac{D}{q_e}$$

Stock de seguridad: Que es la cantidad adicional a mantener en stock para prevenir el riesgo de falta de existencias, por mayor consumo del previsto o incumplimiento del plazo de entrega por el proveedor:

$$S_s = H\sqrt{cd}$$

c: Consumo diario (en piezas/día)

d: Plazo de reaprovisionamiento (en días)

H: Factor de riesgo, que depende del % de riesgo de rotura de stocks que estamos dispuestos a permitir:

$$\left(\frac{unidades - servidas}{unidades - demandadas}100\right)$$

Riesgo %	50	40	30	20	15	10	5	2,5	1	0,35	0,1	0,07	0,02
H	0	0,26	0,53	0,85	1,04	1,29	1,65	1,96	2,33	2,70	3,10	3,20	3,60

Punto de pedido: Es el stock de seguridad más el consumo previsto en el plazo de reaprovisionamiento:

$$q_p = cd + H\sqrt{cd}$$

A veces se fija arbitrariamente, tomando como referencias:

El límite mínimo: El stock de seguridad.

El límite máximo: El límite mínimo más el lote económico.

El método expuesto es similar al empleado en la gestión de almacenes de otros materiales; se basa en la estadística de consumos y es válido para repuestos de consumo regular. Es imprescindible que los repuestos estén codificados para una gestión que, necesariamente, debe de ser informatizada.

La codificación debe permitir identificar las piezas inequívocamente, es decir, debe haber una relación biunívoca entre código y pieza. Debe permitir la agrupación de los repuestos en grupos y subgrupos de tipos de piezas homogéneos. Ello facilitará también la normalización y optimización del stock. Cada código llevará asociado una descripción, lo más completa posible del material.

El análisis de Pareto de cualquier almacén pone de manifiesto que el 20 % de los repuestos almacenados provocan el 80 % de las demandas anuales constituyendo el 80 % restante sólo el 20 % de la demanda. Esto significa que la mayor parte de los componentes de una máquina tienen un consumo anual bajo, mientras que unos pocos tienen un consumo tan elevado que absorben la mayor parte del consumo anual global de repuestos para dicha máquina. Desde el punto de vista del valor del consumo ocurre algo parecido. La tabla siguiente da la distribución porcentual representativa de todo el catálogo de repuestos de empresas de diversos sectores (químico, petroquímico, energía eléctrica y siderurgia):

COSTE ADQUISICION UNITARIO		DEMANDA PIEZAS/AÑOS			TOTAL SOBRE TODA LA DEMANDA
		0 a 0.5	0.5 a1	>1	
BAJO	N	12	15	14	41
	V	1	1	2	4
MEDIO	N	22	24	8	54
	V	19	21	6	46
ELEVADO	N	2	3	0	5
	V	20	30	0	50
TOTAL SOBRE TODOS LOS COSTES DE ADQUISICIÓN	N	36	42	22	100
	V	40	52	8	100

N: Numero de componentes (%)

V: Valor anual movido (%)

Para controlar el stock se usan los siguientes índices de control o indicadores:

Índice de Rotación del Inmovilizado: Proporciona una medida de la movilidad de los elementos almacenados.

Índice de Inmovilizado de repuestos, que debe guardar una cierta relación con el valor de la instalación a mantener.

Otros materiales

No necesariamente se debe mantener stock de todos los repuestos necesarios.

Aquellos tipos genéricos (rodamientos, válvulas, manómetros, retenes, juntas, etc.) que sean fáciles de adquirir en el mercado se debe evitar. Como alternativa se puede tener un contrato de compromiso de consumo a precios concertados con un distribuidor (pedido abierto), a cambio del mantenimiento del stock por su parte (depósito).

Otros materiales que normalmente se pueden evitar su permanencia en stock son los consumibles (electrodos, grasas, aceites, herramientas, etc.). La situación específica del mercado local recomendará su adquisición en régimen de tránsito (compra puntual bajo demandas), pedido abierto o establecimiento de un depósito en nuestras instalaciones o en las del proveedor.

Gestión de RR.HH.

Organigrama de mantenimiento: Funciones. Efectivos

Uno de los aspectos más críticos de la Gestión del Mantenimiento es la Gestión de los Recursos Humanos. El nivel de adiestramiento, estado organizativo, clima laboral y demás factores humanos adquiere una gran importancia ya que determinará la eficiencia del servicio.

Funciones del personal

En términos generales podemos resumir que las funciones del personal de mantenimiento son:

- Asegurar la máxima disponibilidad de los equipos al menor costo posible.
- Registrar el resultado de su actividad para, mediante su análisis, permitir la mejora continua (mejora de la fiabilidad, de la mantenibilidad, productividad).

Estas funciones genéricas habrá que traducirlas en tareas concretas a realizar por cada uno de los puestos definidos en el organigrama de mantenimiento.

Número de efectivos

Debe analizarse en cada caso particular. Depende mucho del tipo de instalación, pero, sobre todo, de la política de mantenimiento establecida:

- Tipo de producción, distribución de las instalaciones.
- Estado de los equipos, grado de automatización.
- Tipo de organización, formación del personal
- Tipo de mantenimiento deseado.
- Disponibilidad de medios e instrumentos lo que impide plantear el problema cuantitativamente.

La preparación y programación de los trabajos es el único instrumento que ayuda a definir los recursos necesarios y las necesidades de personal ajeno, lo que lleva a unos recursos humanos variables con la carga de trabajo.

Número de supervisores

El jefe de equipo debe manejar entre un mínimo de 8 y un máximo de 20 operarios, influyendo en la asignación los siguientes factores:

-Tipo de especialidad (albañiles hasta 20).

-Nivel de formación del personal.

-Tipos de trabajos (rutina/extraordinarios).

-Distribución geográfica de los trabajos.

La supervisión tiene un coste que es justo soportar en la medida que permiten trabajos bien hechos. Un exceso sería despilfarro, pero un defecto tendría repercusiones aún peores.

Funciones de línea y de Staff

Debe de establecerse, además del personal DE LÍNEA a que nos hemos referido antes (personal operativo más supervisores) un personal DE "STAFF" que se ocupe de:

- La preparación de trabajos.
- Confección de procedimientos de trabajo.
- Prever el suministro de materiales y repuestos de stock.
- Adjudicación de trabajos a subcontratas.
- Establecer el tipo de mantenimiento más adecuado ya que la presión del día a día impide ocuparse al personal de línea de objetivos distintos del inmediato de garantizar la producción.

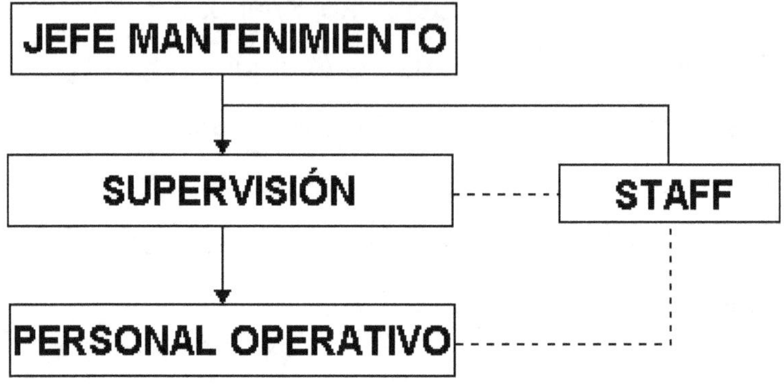

Para que este tipo de organización funcione bien se deben respetar los siguientes principios:

-Separación clara de cometidos de personal de línea y de staff.

-Frecuente intercambio de información entre ambos.

-El personal de línea es responsable técnico y económico de los resultados.

-El personal de staff tiene una función de carácter consultivo.

Las funciones habitualmente asignadas al staff son las siguientes:

-Preparación y Programación de trabajos.

-Informes técnicos, estudios y mejoras.

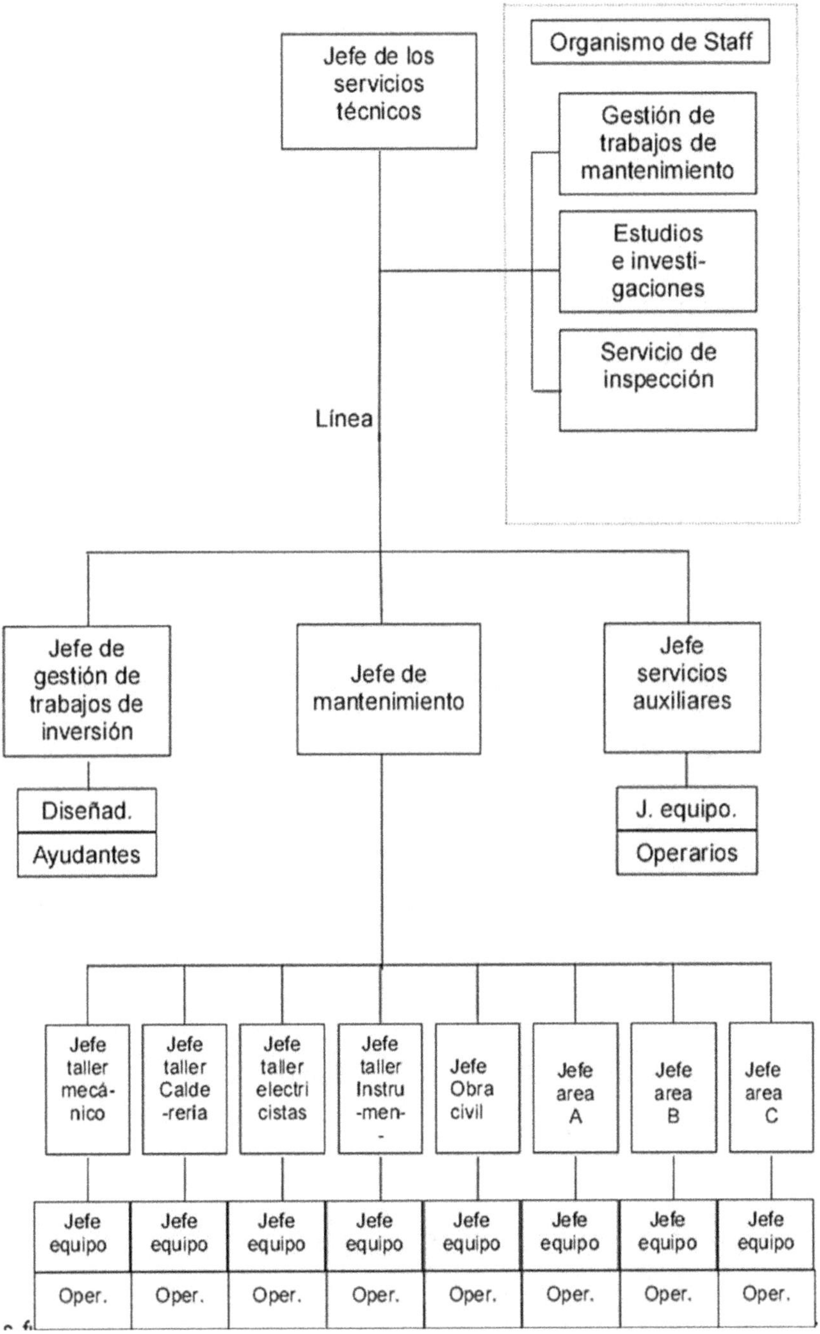

Jefe de los servicios técnicos
Organismo de Staff
Gestión de trabajos de mantenimiento
Estudios e investigaciones
Servicio de inspección
Línea
Jefe de gestión de trabajos de inversión
Jefe de mantenimiento
Jefe servicios auxiliares
Diseñad.
Ayudantes
J. equipo.
Operarios
Jefe taller mecánico
Jefe taller Caldería
Jefe taller electricistas
Jefe taller Instrumen-
Jefe Obra civil
Jefe area A
Jefe area B
Jefe area C
Jefe equipo
Jefe equipo
Jefe equipo
Jefe equipo
Jefe equipo
Jefe equipo
Jefe equipo
Jefe equipo
Oper.
Oper.
Oper.
Oper.
Oper.
Oper.
Oper.
Oper.

Las funciones del jefe y Supervisores son del tipo de gestión y requieren capacidad directiva.

Las funciones del equipo operativo son del tipo técnico-profesional y requieren capacidad técnica.

Las funciones del staff son del tipo técnico y administrativa y requieren capacidad técnica-administrativa en mayor grado y directiva en menor grado.

Formación y adiestramiento del personal

La formación es una herramienta clave para mejorar la eficacia del servicio.

Las razones de la anterior afirmación son, en síntesis, las siguientes:

-Evolución de las tecnologías.

-Técnicas avanzadas de análisis y diagnóstico.

-Escaso conocimiento específico del personal técnico de nuevo ingreso.

La formación debe tener un carácter de extensión interdisciplinar y continuidad.

Se materializa mediante cursos planeados y un Programa Anual de formación.

El adiestramiento o desarrollo de habilidades, por el contrario, tiene fines exclusivamente técnicos y se consigue mediante:

a) Indicaciones diarias de supervisores o adiestramiento continuo.

b) La influencia que realiza el operario experto sobre su ayudante a través del propio trabajo.

c) Cursos periódicos en escuelas profesionales.

En definitiva, mientras el adiestramiento busca fines técnicos exclusivamente, la formación trata de provocar un cambio y de concienciar sobre la existencia de problemas.

Nunca se insistirá suficientemente sobre la importancia y necesidad de disponer de un plan anual de formación, justificado, presupuestado y programado como medio para mejorar la eficiencia y la satisfacción del personal.

Clima laboral: el TPM

El Mantenimiento Productivo Total (TPM) es una filosofía de mantenimiento que enfatiza la importancia de implicar al operario en la fiabilidad de la máquina. El TPM crea un entorno que estimula esa clase de compromiso. De ahí que incluyamos en un capítulo de gestión de recursos humanos un tema más propio de políticas y estrategias de mantenimiento.

La creciente automatización y el uso de equipos de tecnología avanzada requieren conocimientos que están más allá de la competencia del supervisor o trabajador de mantenimiento medios. Esta situación ha obligado a evolucionar desde una concepción del mantenimiento clásico que se limitaba a reparar o, adicionalmente, a prevenir averías hacia un concepto en que el mantenimiento debe involucrarse en otras tareas como:

Evaluaciones de la instalación, incluyendo aspectos de fiabilidad, mantenibilidad y operabilidad.

Modificaciones para eliminar problemas crónicos.

Restauraciones para que la efectividad del equipo se mantenga intacta durante todo su ciclo de vida.

En este sentido el TPM surge en los años 60 en Japón y se va extendiendo desde entonces por todo el mundo no sólo en la industria del automóvil donde nació sino a todo tipo de industrias tanto manufactureras como de procesos. La razón de su éxito es que garantiza resultados drásticos, transforma visiblemente los lugares de trabajo y eleva el nivel de conocimientos y capacidad de los trabajadores de producción y mantenimiento.

Se pueden resumir en tres los objetivos del TPM:

-Maximizar la efectividad y productividad del equipo.

-Crear un sentimiento de propiedad en los operarios a través de la formación e implicación.

-Promover la mejora continua a través de actividades de pequeños grupos que incluyen a personal de producción, ingeniería y mantenimiento.

Para maximizar la efectividad de los equipos de producción, el TPM trata de eliminar las principales pérdidas de las plantas:

-Las debidas a Tiempos de parada, ya sean programadas, por averías o por cambios de útiles (ajustes de la producción).

-Pérdidas de producción, ya sean por operaciones anormales (bajo rendimiento del proceso) o normales (pérdidas de producción al parar o poner en marcha).

- Pérdidas por defectos de calidad en la producción.

- Pérdidas por reprocesamientos.

La implantación del TPM supone desarrollar sistemáticamente un proceso estructurado en doce pasos en los que, para eliminar las causas de pérdidas se debe cambiar primero la actitud del personal e incrementar sus capacidades.

De ahí que los aspectos más relevantes del TPM sean:

1.- La formación y el adiestramiento del personal en técnicas de operación y mantenimiento y en técnicas de gestión. La mejora de la formación de los operarios influye no sólo en los resultados de la empresa, sino que aumenta la satisfacción de las personas y el orgullo por el trabajo.

2.- El Mantenimiento autónomo, realizado por operarios de producción, trata de eliminar las barreras entre producción y mantenimiento, de manera que integren sus esfuerzos hasta llegar a ser las dos caras de una misma moneda:

-El departamento de producción al estar en contacto más íntimo con los equipos es el que puede evitar el rápido deterioro, eliminando fugas, derrames, obstrucciones y todo lo que se puede detectar con una inspección y limpieza exhaustiva y eliminar con medios simples a su alcance.

-El departamento de mantenimiento no se limitará a realizar reparaciones, sino que aplicarán técnicas de mantenimiento especializado que aseguren un mantenimiento eficaz que aumente la confianza de los operadores.

Subcontratación del mantenimiento

La tendencia actual de la organización de mantenimiento es tener menos personal (disminución cuantitativa) pero un personal cada vez más preparado técnicamente (mejora cualitativa).

Una vez preparado el trabajo y a la vista de la carga pendiente, se puede decidir subcontratar algunas tareas. Antes debemos haber concretado las siguientes cuestiones:

¿Por qué subcontratar? ¿Qué subcontratar? Las respuestas a estas cuestiones suponen tener clara la justificación de la subcontratación.

¿Cuánto subcontratar? ¿Quién debe subcontratar? cuyas respuestas son la clave para establecer los tipos de contratos a suscribir. Respecto de la última cuestión decir que suele ser el departamento de Compras el cual puede o no estar integrado en el departamento de mantenimiento. No obstante, hay que hacer una separación de funciones:

Especificaciones técnicas: Descripción cualitativa y cuantitativa del trabajo a contratar.

Deben ser preparadas por el supervisor responsable o servicio de métodos.

La Contratación en sí: Elegir contratista, negociar condiciones, redactar pedido, intermediario entre utilizador y empresa contratista.

Debe ser gestionado de forma centralizada, normalmente por el departamento de Compras.

Justificación de la subcontratación

Es una de las decisiones de la política de mantenimiento. Depende de consideraciones económicas, técnicas y sobre todo estratégicas. En términos generales se suele subcontratar por algunas de las siguientes razones:

Sobrecargas (paradas anuales).

Trabajos para lo que existen empresas más preparadas y mejor dotadas (automóviles, soldaduras especiales, etc.).

Trabajos muy especializados (rebobinados de transformadores, recargues duros, rectificados especiales).

Reducción de costes, al pasar unos costes fijos a variables.

Dificultades de reclutamiento.

Inspecciones reglamentarias con empresas homologadas.

Tipos de contratos

Los trabajos que con mayor frecuencia se suelen contratar son:

Mejoras y Revisiones Generales (paradas).

Reconstrucción y recuperaciones.

Mantenimiento equipos periféricos (teléfonos, alumbrado, ascensores).

Conservación General (obra civil, jardinería, calorífugo, fontanería, limpiezas).

y se usan las modalidades siguientes:

-Mantenimiento correctivo: Tanto alzado para trabajo definido (presupuesto).

Facturación horas de trabajo a precio concertado (administración).

Valoración unidades de obra y medición posterior (precios unitarios).

-Mantenimiento preventivo: Se define un tanto alzado anual para una lista de equipos concretos, un programa anual previamente acordado y justificación de sustitución de piezas, normalmente no incluidas en contrato.

-Mantenimiento predictivo: Utilización de herramientas de mantenimiento condicional: termografías, análisis de vibraciones, análisis de aceites, a un tanto alzado previa especificación del alcance del servicio.

En definitiva, los tipos de contrataciones resultan ser:

Trabajos temporales: Tanto alzado.

Precios unitarios.

Administración.

Trabajos anuales: Contrato a tanto alzado fijo, para un alcance definido sin cláusulas de resultados.

Contrato a tanto alzado fijo más facturación variable de horas trabajadas, cuando se superen determinadas cotas.

Contrato a tanto alzado fijo, con cláusulas de resultados (penalización/bonificación).

Los contratos anuales, además de definir claramente el alcance (máquinas, correctivo, preventivo, predictivo) deben indicar el tratamiento de los materiales (repuestos, consumibles, su inclusión o no, procedimiento de autorización, en cualquier caso, etc.).

Es de suma importancia el establecer cláusulas de resultados siempre que sea posible.

En este sentido habría que resaltar la dificultad de establecer una relación calidad/precio cuando solo se conoce el precio.

Deben formar parte del contenido de los contratos:

a) Cláusulas jurídicas:

- Partes contratantes.
- Objeto del contrato.
- Importe del contrato (Nulidad por ausencia o indeterminación del precio).
- Duración del contrato.
- Responsabilidad y garantía.
- Rescisión del contrato.

b) Cláusulas técnicas:

- Alcance: Para cada equipo y tipo de mantenimiento.
- Nivel de las intervenciones: Del 1º al 5º indicando medios.
- Cualificación del personal.

Inspecciones programadas:

Programa tipo indicando operaciones y frecuencias. Si son optativas o contractuales (planes de calibración).

Amplitud de las operaciones: Lista trabajos incluidos y trabajos excluidos.

Resultados: Unidad de uso (Toneladas, piezas producidas, disponibilidad).

- c) Cláusulas Financieras:

Precio.

- Revisión de precios.

- Bonificación/Penalización.

- Forma de pago.

Seguridad en el trabajo

Desde el punto de vista legal en España la Seguridad en el Trabajo está regulada por la "Ley de Prevención de Riesgos Laborales" (febrero-96). Por su importancia destacamos dos artículos:

Art. 15.3 El empresario adoptará las medidas necesarias a fin de garantizar que sólo los trabajadores que hayan recibido información suficiente y adecuada puedan acceder a las zonas de riesgo grave y específico.

Art. 17 Equipos de trabajo y medios de protección. El Empresario adoptará las medidas necesarias con el fin de que los equipos de trabajo sean adecuados para el trabajo que deba realizarse y convenientemente adaptados a tal efecto, de forma que garanticen la seguridad y la salud de los trabajadores al usarlos.

Cuando la utilización de un equipo de trabajo pueda presentar un riesgo específico para la seguridad y la salud de los trabajadores, el empresario adoptará las medidas necesarias con el fin de que:

a) La utilización del equipo de trabajo quede reservada a los encargados de dicha utilización.

b) Los trabajos de reparación, transformación, mantenimiento o conservación sean realizados por los trabajadores específicamente capacitados para ello.

Cuestiones relevantes a resaltar son:

Las graves consecuencias en el plano personal, familiar y social que todo accidente conlleva y el correspondiente problema ético, ante un accidente, si partimos de la idea de que todo accidente se puede prevenir.

La importancia de la formación, a la que la ley le está dando el protagonismo que le corresponde.

La responsabilidad personal e incluso penal que la ley atribuye a las personas concretas responsables de tomar las medidas de prevención.

Demasiado a menudo se subestima el riesgo y se quitan las protecciones o no se realizan los controles necesarios de los automatismos de protección personal.

Gestión de trabajos

Introducción: Política de mantenimiento

El primer paso antes de concretar cómo se van a gestionar los trabajos es establecer la política de mantenimiento. La política o estrategia de mantenimiento consiste en definir los objetivos técnico-económicos del servicio, así como los métodos a implantar y los medios necesarios para alcanzarlos. La siguiente figura es una visualización de las diferentes fases de la puesta en marcha de una política de mantenimiento:

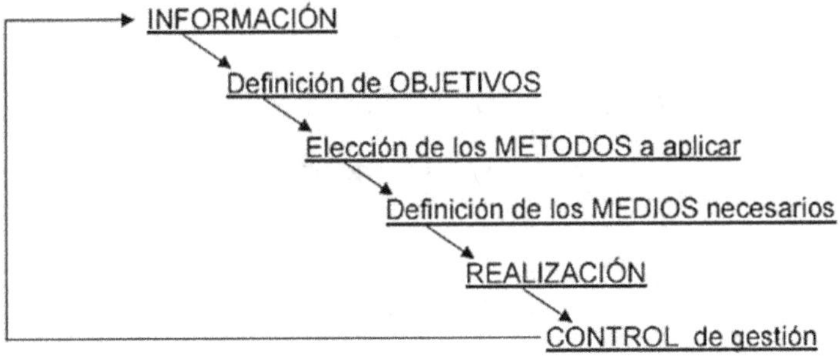

Una vez que disponemos de la información relevante sobre los equipos, su estado y los requerimientos de producción, se fijan los objetivos.

Los objetivos pueden ser muy variables dependiendo del tipo de industria y su situación (producto, mercado, etc.) e incluso puede ser distinto para cada máquina o instalación. En cualquier caso, la definición de los objetivos no es válida si no se hace previo acuerdo con la dirección técnica y producción. Algunos objetivos posibles son:

- Máxima disponibilidad, no importando el coste.
- A un coste dado (fijando presupuesto).
- Asegurar un rendimiento, una producción.
- Garantizar la seguridad.
- Reducir las existencias de recambios.
- Maximizar la productividad del personal.
- Maximizar los trabajos programados, reduciendo las urgencias.
- Reducir las improvisaciones.
- Concretar un nivel de subcontratación, etc.

Una vez definidos claramente los objetivos se debe establecer el método o tipo de mantenimiento a aplicar:

¿Preventivo o Correctivo?

¿Qué nivel de Preventivo?

¿Qué forma de Preventivo?

¿Con qué frecuencia?

La decisión tomada puede ser distinta para cada tipo de instalación.

En definitiva, se trata de concretar la aplicación de los diferentes tipos y niveles. Una primera aproximación sería utilizar las recomendaciones de fabricantes.

Sin embargo, ellos no disponen de toda la información precisa. La mejor combinación normalmente suele ser distinta para cada elemento de la instalación a mantener y depende de múltiples factores como son la criticidad de cada equipo, su naturaleza, la dificultad para realizar el mantenimiento o mantenibilidad, su costo, su influencia en la seguridad de las personas o instalaciones, etc.

Por tal motivo es aconsejable el uso de procedimientos sistemáticos para su determinación.

Establecimiento de un plan de mantenimiento

Con todo lo dicho hasta ahora podríamos resumir las distintas etapas que supone establecer un plan de mantenimiento:

1º.- Clasificación e Identificación de Equipos.

El primer paso sería disponer de un inventario donde estén claramente identificados y clasificados todos los equipos.

Se recomienda un sistema arborescente y un código que identifique planta y unidad, además de los específicos del equipo:

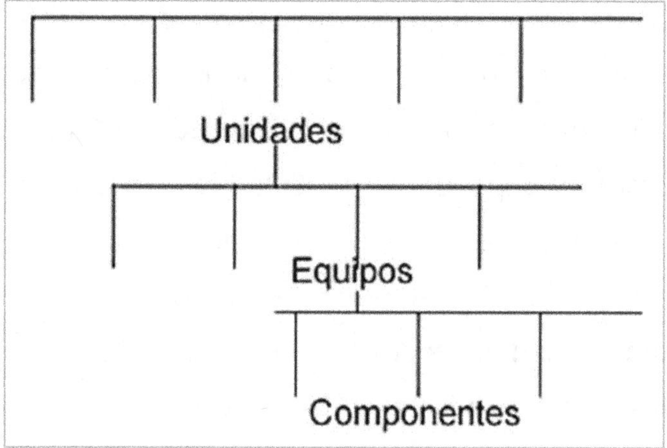

2º.- Recopilar información.

Se trata de tener toda la información que sea relevante para mantenimiento:

- Condiciones de Trabajo.

- Condiciones de Diseño.

- Recomendaciones del Fabricante.

- Condicionamientos legales.

3º.- Selección de la Política de Mantenimiento.

Se trata de decidir qué tipo de mantenimiento aplicar a cada equipo.

Se usan para ello tanto métodos cuantitativos como, fundamentalmente, cualitativos.

El uso de gráficos de decisión puede ayudar a confirmar la opinión propia (función de las características del emplazamiento) y la del fabricante (función de las características del material).

Sólo en casos contados es preciso construir modelos basados en costos y estadísticas.

A continuación, se presentan algunos de los gráficos utilizados para seleccionar el tipo de mantenimiento a aplicar:

    a) Basado en el tipo de fallo y posibilidad de vigilancia:

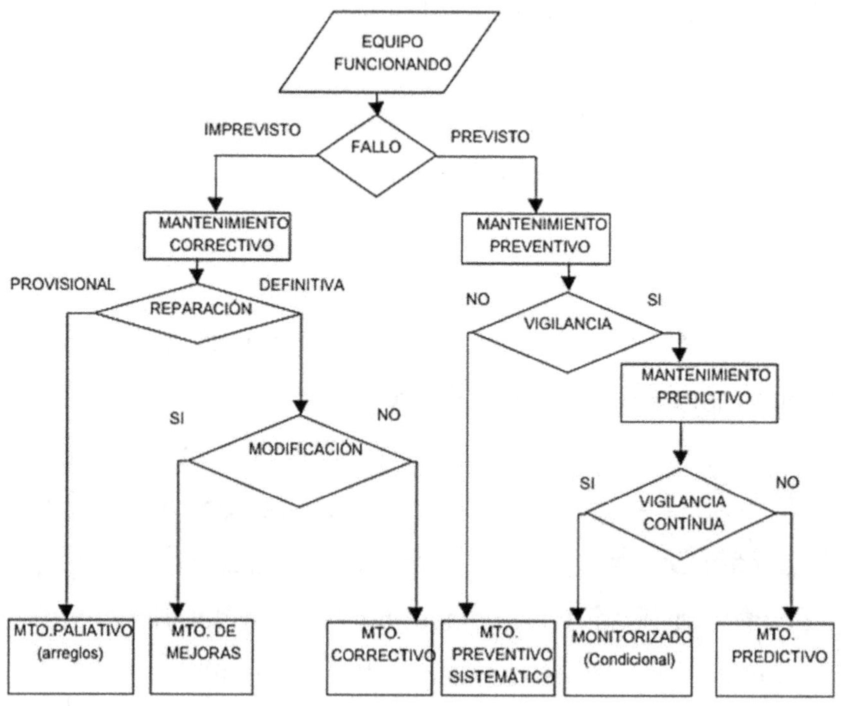

b) Abaco de M. Noiret, basado en el tipo de equipo y su incidencia económica.

c) Árbol de decisión, basado en la tasa de fallo y tipo de degradación:

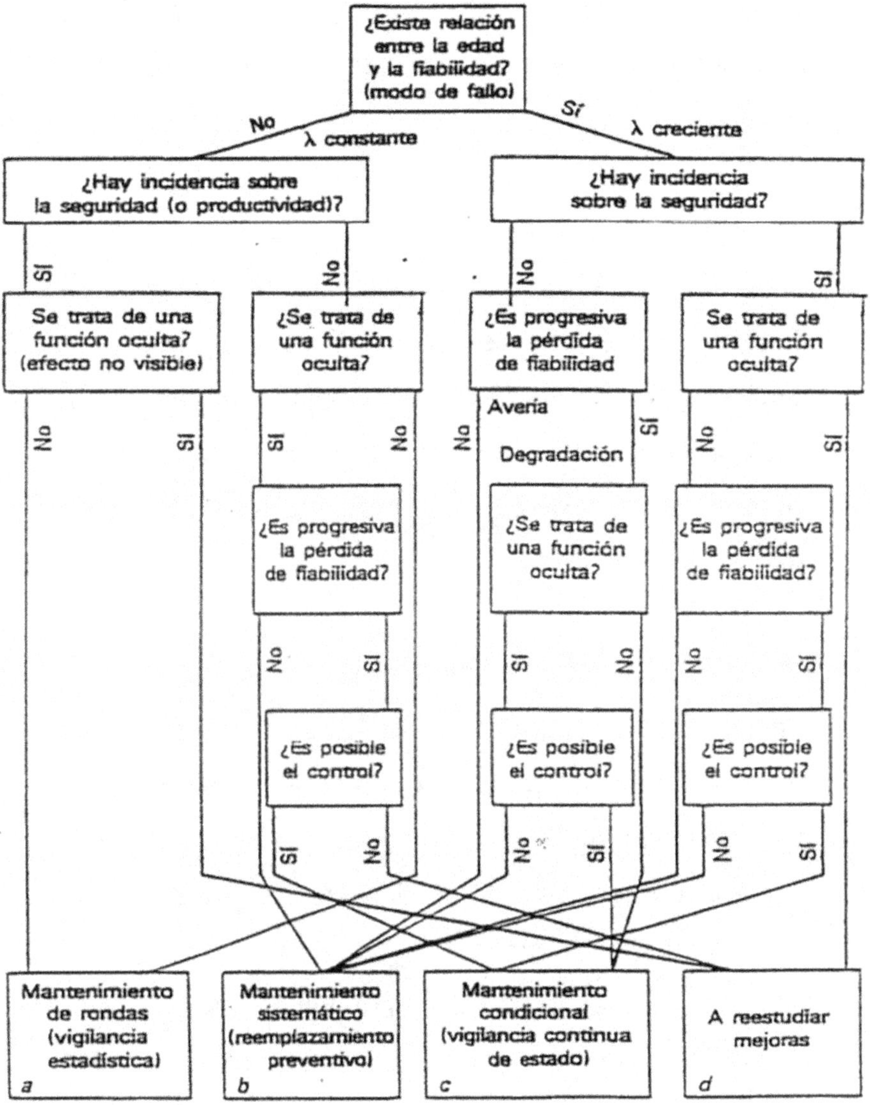

Existen otras metodologías cualitativas más completas como el RCM (Mantenimiento centrado en la fiabilidad) o el AMFEC (Análisis de Modos de Fallos y Efectos) y que por su importancia lo veremos en el punto siguiente.

4º.- Programa de Mantenimiento Preventivo.

Cuando el análisis individual se ha completado, se debe coordinar a nivel conjunto para agrupar por familias, tipos de equipos, períodos iguales, etc., a fin de optimizar la mano de obra. El programa de mantenimiento preventivo proporcionará las rutinas de inspección y de lubricación.

5º.- Guía de Mantenimiento Correctivo.

Incluso con la mejor información de fabricantes, es difícil, al principio, prever la carga de mantenimiento correctivo esperada. Obviamente, con la experiencia se debe prever la cantidad de esta carga de trabajo para su presupuestación.

En cualquier caso, una tarea muy valiosa para facilitar la planificación de trabajos consiste en tipificar los trabajos más repetitivos e incluso confeccionar procedimientos de reparación para cada uno de esos casos.

6º.- Organización del Mantenimiento.

El plan de mantenimiento se completa definiendo la organización necesaria:

- La estructura de recursos humanos, tanto propia como ajena.
- La estructura administrativa.
- El sistema de planificación y programación de trabajos, que se verá más adelante.

Análisis de modos de fallos y efectos (AMFE)

Método riguroso de análisis que utiliza todas las experiencias y competencias disponibles de los estudios, métodos, mantenimiento, fabricación, calidad. Es un método inductivo y cualitativo que permite pasar revista al conjunto de los órganos de un sistema o instalación, definiendo:

-Los tipos de fallos reales o potenciales.

-Causas posibles.

-Consecuencias.

-Medios para evitar sus consecuencias.

Su objetivo es, por tanto, identificar las causas de fallos aún no producidos, evaluando su criticidad (es decir, teniendo en cuenta su frecuencia de aparición y su gravedad). Permite definir preventivamente los fallos potenciales, lo que orienta sobre las políticas de mantenimiento a adoptar y las políticas de repuestos. En definitiva, es una búsqueda sistemática de tipos de fallos, sus causas y sus efectos. Precisa un tratamiento de grupo multidisciplinar, lo cual constituye una ventaja adicional por el enriquecimiento mutuo que se produce.

Se realiza mediante una hoja estructurada que guía el análisis.

a) Funciones

Se describen las especificaciones (características) y expectativas de desempeño que se le exigen al activo físico que se está analizando. Cubren por tanto no solo el volumen de producción (v. gr 350 l/min. a 7 kg/cm^2) sino las expectativas relacionadas con cuestiones como calidad del producto, control, contención, protección, cumplimiento de normas medioambientales, integridad estructural e incluso aspecto físico del activo.

b) Fallo Funcional

Se refiere a la falta o incumplimiento de la función. El fallo funcional se define como la incapacidad de un ítem para satisfacer un parámetro de desempeño deseado.

c) Modo de Fallo

Forma en que el dispositivo o el sistema puede dejar de funcionar o funcionar anormalmente. El tipo de fallo es relativo a cada función de cada elemento. Se expresa en términos físicos: rotura, aflojamiento, atascamiento, fuga, agarrotamiento, cortocircuito, etc.

d) Causa Raíz

Anomalía inicial que puede conducir al fallo. Un mismo tipo de fallo puede

conducir a varias causas: Falta de lubricante, lubricante en mal estado,

suciedad, etc.

e) Consecuencia

Efecto del fallo sobre la máquina, la producción, el producto, sobre el entorno inmediato.

La valoración proporciona una estimación numérica de los respectivos parámetros:

F: Frecuencia. Estimación subjetiva de la ocurrencia del modo de fallo.

G: Gravedad. Estimación subjetiva de las consecuencias.

D: Detección. Estimación subjetiva de la probabilidad de ser detectado el fallo potencial.

NPR: Número de Prioridad de Riesgos. Producto de F, G y D.

HOJA DE TRABAJO AMFEC									
SECCIÓN:		REALIZADO POR:					HOJA Nº:		
EQUIPO/TAG:		FECHA:			NOMBRE FICHA:				

FUNCIÓN	FALLO FUNCIONAL	MODO DE FALLO	CAUSA RAIZ	EFECTO	VALORACIÓN				RECOMENDACIÓN
					F	G	D	NPR	

Una posible escala de valoración sería:

-F: Frecuencia (1-10)

Imposible (1-2)

Remoto (3-4)

Ocasional (5-6)

Frecuente (7-8)

Muy Frecuente (9-10)

-G: Gravedad (1-10)

Insignificante (1-2)

Moderado (3-4)

Importante (5-6)

Crítico (7-8)

Catastrófico (9-10)

-D: Detección (1-10)

Probabilidad de detección muy elevada (1-2)

Probabilidad de detección elevada (3-4)

Probabilidad de detección moderada (5-6)

Probabilidad de detección escasa (7-8)

Probabilidad de detección muy escasa (9-10)

-El número de prioridad de riesgos (NPR) permite priorizar las acciones a tomar.

-Especial hincapié debe hacerse en la detección de fallos ocultos. Se presentan normalmente en dispositivos de protección.

La recomendación en tales casos se conoce como verificación funcional o tareas de búsqueda de fallos. Hasta un 40% de los modos de fallo suelen ser fallos ocultos en los sistemas complejos.

Planificación y programación del mantenimiento

Para optimizar los recursos disponibles es imprescindible planificar y programar los trabajos, como en cualquier otra actividad empresarial. En mantenimiento tienen una dificultad añadida y es que deben estar ligadas a la planificación y programación de la producción. La planificación de los trabajos consiste en poner al ejecutor en disposición de realizar el trabajo dentro del tiempo previsto, con buena eficiencia y según un método optimizado; es lo que también se denomina proceso de preparación de trabajos. La programación, una vez planificados los trabajos, establece el día y el orden de ejecución de los mismos. Supone, por tanto, un trabajo de ingeniería previo a la ejecución de los trabajos para determinar:

- Localización del fallo, avería.
- Diagnosis del fallo.
- Prescribir la acción correctiva.
- Decidir la prioridad correcta del trabajo.
- Planificar y programar la actividad.

Planificación de los trabajos

Para que los trabajos se puedan realizar con la eficiencia deseada es preciso:

Concretar el trabajo a realizar.

Estimar los medios necesarios (mano de obra, materiales).

Definir las normas de Seguridad y Procedimientos aplicables.

Obtener el permiso de trabajo.

Se trata, por tanto, de hacer la preparación tanto de la mano de obra como de los materiales (repuestos, grúas, andamios, máquinas-herramientas, útiles, consumibles, etc.), y por ello podemos decir que es una actividad imprescindible para una adecuada programación.

Esto nadie lo duda. La única cuestión opinable es si debe ser realizado por un órgano staff o, por el contrario, que sean realizados por los propios responsables de ejecución.

a) Preparación de la mano de obra.

-Normas, Procedimientos, Guías de trabajo aplicables. Sobre todo, debe estar detallado en trabajos muy repetitivos (Procedimientos y Normas-Guía).

-Calificación y formación necesaria de los ejecutores. Número.

-Horas de trabajo necesarias.

-Permisos de trabajo a obtener. Condiciones a reunir por la instalación para obtener el permiso para trabajar.

b) Preparación de Materiales

-Repuestos necesarios. Su disponibilidad. Vale de salida del almacén.

-Materiales de consumo y otros no almacenados. Propuesta de compra.

-Transportes, grúas, carretillas necesarias.

-Andamios y otras actividades auxiliares.

Evidentemente no todos los trabajos requieren igual preparación.

Se aceptan los siguientes grados de preparación en mantenimiento, para justificarla económicamente:

-10% de los trabajos no requiere ninguna preparación (pequeños, no repetitivos).

-60% de los trabajos se hará una preparación general, incidiendo más en los materiales que en la mano de obra (trabajos normales).

-30% de los trabajos se hará una preparación exhaustiva (grandes reparaciones, larga duración, parada de instalaciones).

Procedimientos de trabajo

Deben ser útiles y fáciles de manejar por los interesados (no son manuales para técnicos sino guías para operarios).

Deben contener:

Las operaciones necesarias y su orden de ejecución.

Los instrumentos, útiles y herramientas especiales necesarias.

El número de personas necesarias para cada operación.

Las indicaciones de seguridad en las tareas que revisten un cierto riesgo.

Un esquema de procedimiento tipo se presenta a continuación.

Es el procedimiento de revisión en taller de un motor eléctrico:

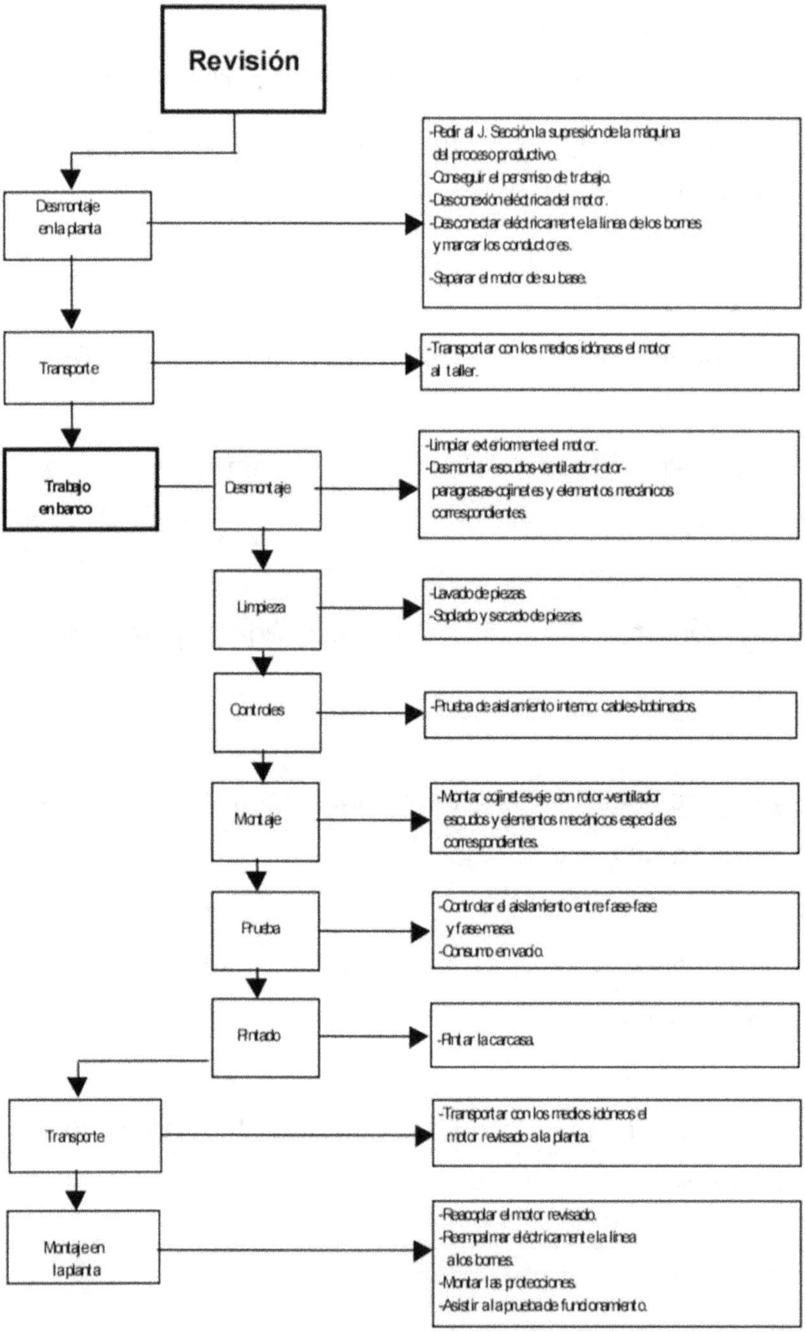

Revisión

Desmontaje
en la planta

-Pedir al J. Sección la supresión de la máquina
 del proceso productivo.
-Conseguir el persmiso de trabajo.
-Desconexión eléctrica del motor.
-Desconectar eléctricamente la linea de los bornes
 y marcar los conductores.
-Separar el motor de su base.

Transporte

-Transportar con los medios idóneos el motor
 al taller.

Trabajo
en banco

Desmontaje

-Limpiar exteriormente el motor.
-Desmontar escudos-ventilador-rotor-
 paragrasas-cojinetes y elementos mecánicos
 correspondientes.

Limpieza

-Lavado de piezas.
-Soplado y secado de piezas.

Controles

-Prueba de aislamiento interno: cables-bobinados.

Montaje

-Montar cojinetes-eje con rotor-ventilador
 escudos y elementos mecánicos especiales
 correspondientes.

Prueba

-Controlar el aislamiento entre fase-fase
 y fase-masa.
-Consumo en vacío.

Pintado

-Pintar la carcasa.

Transporte

-Transportar con los medios idóneos el
 motor revisado a la planta.

Montaje en
la planta

-Reacoplar el motor revisado.
-Reempalmar eléctricamente la linea
 a los bornes.
-Montar las protecciones.
-Asistir a la prueba de funcionamiento.

Tiempos de trabajo

Conocer los tiempos necesarios para los trabajos permitiría:

- Programar los trabajos.

- Medir la eficacia de los equipos humanos.

- Mejorar los métodos.

- Implantar un sistema de incentivos individual o colectivo.

Cuando hablamos de eficacia del servicio nos referimos a comparar los tiempos reales de ejecución con los tiempos previstos o asignados a cada trabajo. En ello influye de gran manera el método de trabajo utilizado, de forma que diferencias importantes entre tiempo asignado y tiempo real apuntan generalmente a los trabajos cuyo método deben ser investigados, con vistas a su mejora. En cuanto a la implantación de un sistema de incentivos, además de necesitar una estimación de tiempos más precisa, puede ser contraproducente en mantenimiento: La sofisticación y especialización creciente de las intervenciones de mantenimiento exige cada vez mayor profesionalidad y motivación, por lo que el mantenedor no debe estar coartado por el instrumento discriminante del incentivo. Lo anterior no descarta la posibilidad de incentivos de grupo en función de resultados globales (producción, disponibilidad, etc.). En el análisis de tiempos hay que considerar el ciclo completo del trabajo (todas las especialidades y todos los tiempos):

Tiempo de desplazamiento.

Tiempo de preparación.

Tiempo de ejecución.

Tiempo de esperas, imprevistos constituyendo en muchos casos el tiempo de ejecución una pequeña porción del trabajo completo (depende de la naturaleza de trabajo y tipo de industria).

La precisión necesaria, asumiendo que no aplicamos incentivos, podría ser de ±10% al ±30% en trabajos generales y ±5% en trabajos muy repetitivos.

Su cálculo correcto se podría hacer por análisis estadístico de una serie de datos representativos, recogidos en el archivo histórico de intervenciones.

Clasificación de los trabajos

Para asignar tiempos a los trabajos puede ser una valiosa ayuda proceder previamente a la clasificación de los mismos. Una posible clasificación, en este sentido, sería la siguiente:

1. Pequeños trabajos no rutinarios: De menos de 4 horas de duración. No es rentable la obtención de tiempos.

2. Trabajos rutinarios: Repetitivos y previsibles, ejecutados por un equipo fijo asignado a cada instalación. Es útil disponer de tiempos asignados y procedimientos de trabajo.

3. Trabajos de mantenimiento diversos: Son la mayor parte de los trabajos de mantenimiento, aparecen con cierta repetitividad y no con una gran variabilidad. Es necesario tener tiempos (con la precisión indicada) y procedimientos de trabajo escritos.

4. Trabajos de ayuda a producción: Ajustes, cambios de formato, etc. Se deben tener procedimientos y tiempos para los repetitivos. Para los no repetitivos basta con los tiempos.

5.Trabajos de mantenimiento extraordinario: Grandes revisiones o reparaciones. Interesa disponer de procedimientos escritos y tiempos de intervención.

En definitiva, no se precisa disponer ni de tiempos ni de procedimientos escritos para el 100% de las actividades, aunque si es importante disponer de ellas en los casos indicados.

Programación de los trabajos

Las características tan diferentes de los distintos trabajos que tiene que realizar el mantenimiento obliga a distintos niveles de programación:

1º.- Ya a nivel de Presupuesto Anual, se han de definir, lo que podríamos llamar, "TRABAJOS EXTRAORDINARIOS". Se trata de grandes reparaciones previstas en el presupuesto anual o paradas/revisiones programadas, sean de índole legal o técnicas. Se trata de una programación a largo plazo (1 año o más). El trabajo se puede cuantificar, prever medios necesarios, tiempo de ejecución e incluso se dispone de elementos de juicio para determinar la fecha de comienzo.

2º.- Existe una programación a medio plazo (semanal, mensual) en la que se puede prever: Carga de Mantenimiento Preventivo, resultante de dividir la carga total anual en bloques homogéneos para cada período. Normalmente, esta programación se suele hacer semanalmente. El resto lo constituye la carga de mantenimiento correctivo, no urgente, que, por tanto, debe ser cuantificado en horas y preparado adecuadamente para asegurar su duración y calidad.

3°.- Por último, es imprescindible realizar una programación diaria (corto plazo, turno o jornada) dónde se desarrolla y concreta el programa anterior (semanal/mensual) y en el que se insertan los trabajos urgentes e imprevistos. Para ellos, se estima un 20% de los recursos programables, aunque depende del tipo de trabajo. Trabajos de albañilería y demás auxiliares no deben pasar del 10%, mientras que en máquinas herramientas suele llegar, incluso, al 50%. En cualquier caso, dada la variabilidad de los tiempos y la importancia en el logro de los objetivos de mantenimiento, es imprescindible para que funcione adecuadamente la programación:

1°.- Una autoridad adecuada para tomar decisiones por el programador y ser cumplidas.

2°.- Disponer de una información adecuada para lo que su comunicación con los distintos niveles de mantenimiento y fabricación debe ser muy fluida.

3°.- Seguir día a día la evolución de los trabajos y la carga pendiente, de manera que la planificación esté permanentemente actualizada y sea un documento vivo y eficaz. Existen diversos modelos cada uno de los cuales se adaptarán mejor o peor según el tipo de industria, producción, etc. Un modelo bastante general y que puede ser visualizado de manera sencilla y adaptado a la realidad es el representado en la figura.

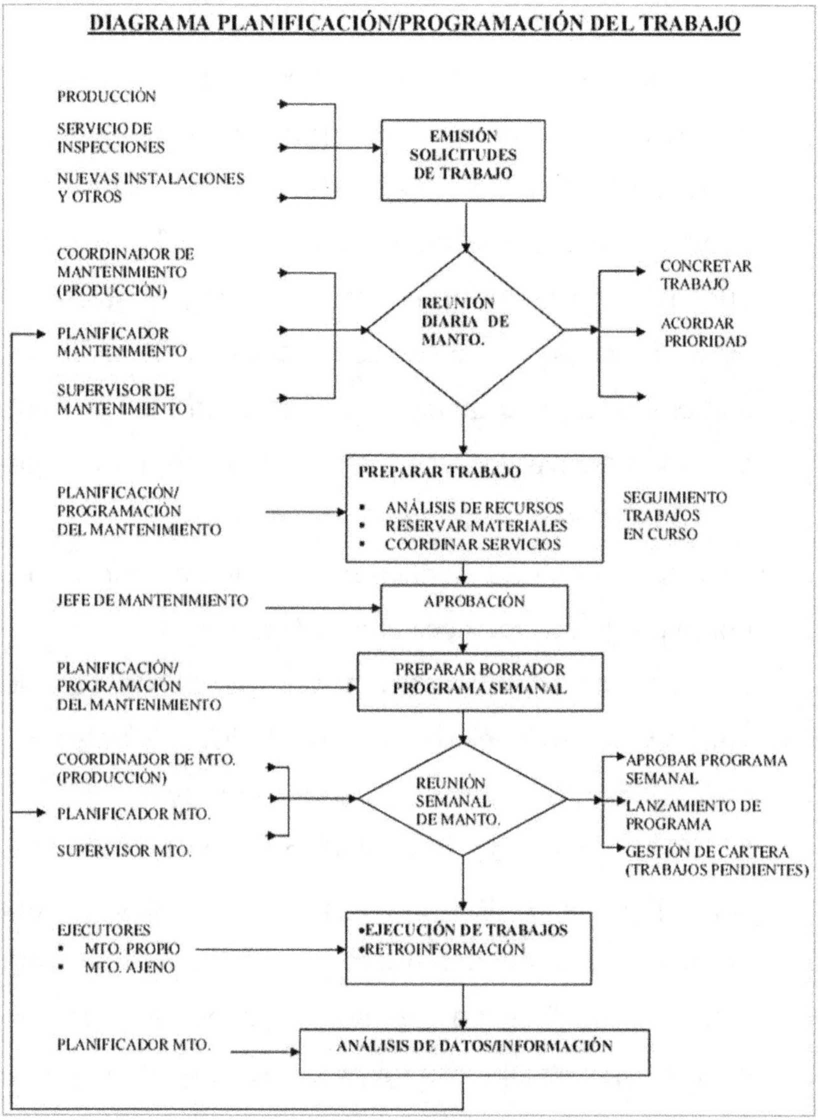

DIAGRAMA PLANIFICACIÓN/PROGRAMACIÓN DEL TRABAJO

Existen programas mecanizados adaptados para la programación de grandes obras y/o proyectos y otros específicos aplicables a trabajos de Mantenimiento.

En cualquier caso, para que la programación sea fiable y eficaz, es preciso valorar los tiempos de las órdenes de trabajo, tarea que constituye una de las más importantes de la preparación de trabajos.

Ejecución de los trabajos, documentos y niveles de urgencia

-El proceso completo de realización de trabajos incluye los siguientes pasos:

- Identificación del trabajo.
- Planificación.
- Programación.
- Asignación.
- Ejecución.
- Retroinformación.

En el esquema siguiente se resumen los documentos que se suelen manejar:

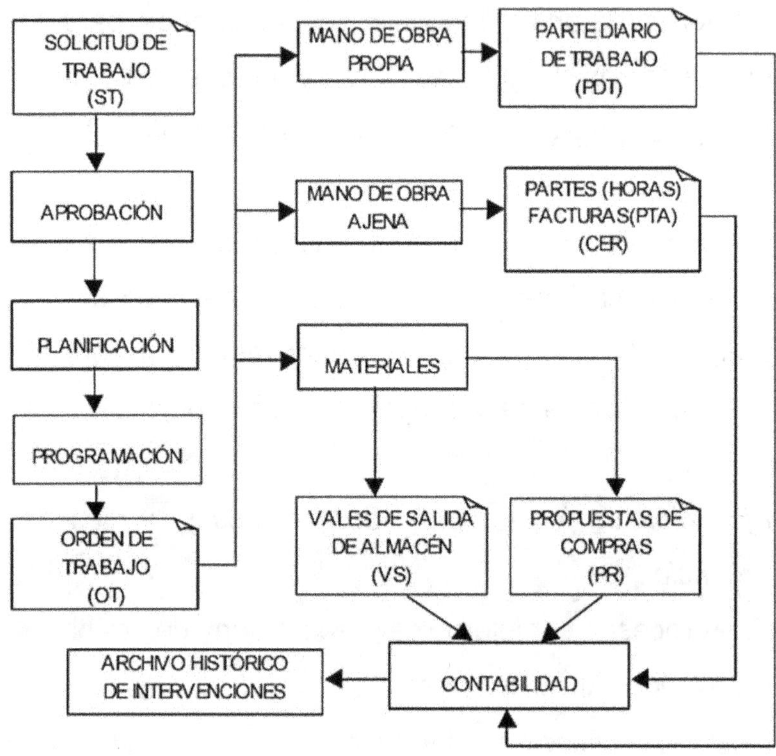

Los documentos usados son pues:

- ST Solicitud de Trabajo.

- OT Orden de Trabajo.

- PDT Parte Diario de Trabajo.

- CER Certificaciones.

- VS Vales de Salida.

- BR Bonos de Recepción.

Los niveles de prioridad, indicados en cada ST e imprescindibles para una adecuada programación, suelen ser:

Prioridad I: Trabajos urgentes, de emergencia, para evitar daños a la propiedad o a las personas. No programados. Intervención inmediata.

Prioridad A: Trabajos urgentes, para evitar pérdidas de producción o para asegurar la calidad. Programados. Intervención en 24 horas.

Prioridad B: Trabajos normales, para asegurar la disponibilidad.

Programados. Intervención en una semana.

Prioridad C: Trabajos de parada. Se deben realizar en la próxima parada programada.

El proceso indicado es el típico del Mantenimiento Correctivo.

Para el Mantenimiento Preventivo se simplifica ya que se lanzan directamente las OT'S (no existen ST'S).

En cuanto a las prioridades, que se deben acomodar al tipo de fabricación, se han indicado igualmente las usadas en manto. correctivo, ya que en manto. preventivo serán todas de prioridad "B" o "C".

Control de la gestión de mantenimiento

El presupuesto de mantenimiento

Antes de que empiece un nuevo ejercicio económico (normalmente el año natural) hay que estimar cuánto va a ser el gasto anual de mantenimiento, es decir, confeccionar el presupuesto anual de mantenimiento.

El presupuesto no sólo constituye un instrumento de gestión para el control de la eficacia del mantenimiento, sino que, sobre todo, debe ser una herramienta de planificación si se aprovecha su confección para hacer una profunda reflexión sobre el servicio que debemos implantar:

¿Qué funciones se espera del servicio?

¿Qué medios necesito para realizar dichas funciones?

¿Cuánto suponen estos medios?

¿Qué objetivos (cuantificables) vamos a tratar de conseguir?

¿Cómo vamos a medir los logros?

¿Cómo vamos a controlarlos y hacer el seguimiento de su evolución?

Es una buena ocasión para concretar, por escrito, los acuerdos con producción sobre nivel de servicio a prestar. Sin este preacuerdo una parte importante de la energía de los gestores se perderán en discusiones estériles sobre la eficacia del servicio.

-Previamente se necesita conocer el programa anual de fabricación.

-Para confeccionar el presupuesto, una vez fijados los parámetros antes indicados, se agrupa el gasto en partes o categorías:

- Mantenimiento Ordinario:

    Mantenimiento Correctivo

    Mantenimiento Preventivo-Predictivo

- Mantenimiento Extraordinario:

    Grandes Reparaciones

    Paradas Programadas

    Mejoras Técnicas

Constituyen las grandes masas a presupuestar. Para cada una de ellas tendremos que precisar sus elementos constituyentes:

- Mantenimiento Propio.
- Mantenimiento Ajeno.
- Materiales (Repuestos y Materiales de consumo).

-El Presupuesto de Mantenimiento Propio es el resultado de multiplicar las horas de personal propio disponibles por su precio. El precio de la hora de mantenimiento, en cada especialidad, está formado por los siguientes elementos:

- Coste de la mano de obra operativa (Salarios más cargas sociales).
- Parte proporcional de gastos de estructura:
- Jefe de Mantenimiento y otro personal no operativo (oficinas, mandos intermedios, etc.).

Parte proporcional del resto de gastos de mantenimiento:

- Agua, vapor, electricidad.
- Gastos de formación, gestión.
- Gastos de mantenimiento de talleres e instalaciones de mantenimiento.

Materiales no repartidos (no imputables a trabajos concretos):

- Herramientas.
- Instrumentos de medida.
- Pequeño material diverso general (tornillería, consumibles, etc.).

El coste estándar en Euros/hora es la suma de estos cuatro conceptos dividida por el número de horas disponibles total.

-El Presupuesto de Mantenimiento Ajeno consta de las siguientes partidas: Contratos diversos suscritos tanto de correctivo como de preventivo con Servicios Técnicos oficiales y otros contratistas (~50%). Los trabajos realizados a tanto alzado que serían objeto de petición de ofertas cuando se presenten (~40%). Los trabajos realizados por precios unitarios (tarifas) y los realizados por administración donde están acordados el precio de la hora de cada especialidad y nivel y se facturan las horas trabajadas reales a posteriori. Estos últimos deben restringirse a aquellos trabajos difíciles de presupuestar por su naturaleza (~10% del mantenimiento ajeno).

-El presupuesto de materiales es el importe de los repuestos y resto de materiales de consumos directos que se suministran del stock de almacén o mediante solicitud de compra de materiales en tránsito. Su valoración hay que estimarla en función de datos históricos, reparaciones previstas (paradas, revisiones, etc.), utilizando ratios estadísticas (del 15% al 30% del gasto total de mantenimiento, dependiendo del tipo de industria), o sencillamente completando las dos grandes masas anteriores (Mantenimiento Propio y Mantenimiento Ajeno) de forma que la suma total no supere la cifra global prevista o estimada mediante ratios (3% al 6% del valor de reposición de la planta, dependiendo del tipo de instalación).

-Estos tres conceptos (Mantenimiento Propio, Mantenimiento Ajeno y Materiales) se calcularán para cada una de las grandes masas a presupuestar (Mantenimiento Ordinario y Mantenimiento Extraordinario). Finalmente hay que distribuirlo entre las distintas cuentas de cargo (Plantas, Líneas o Unidades de Producción, Servicios, etc.). De todo ello resultará una estructura presupuestaria como la indicada en la figura:

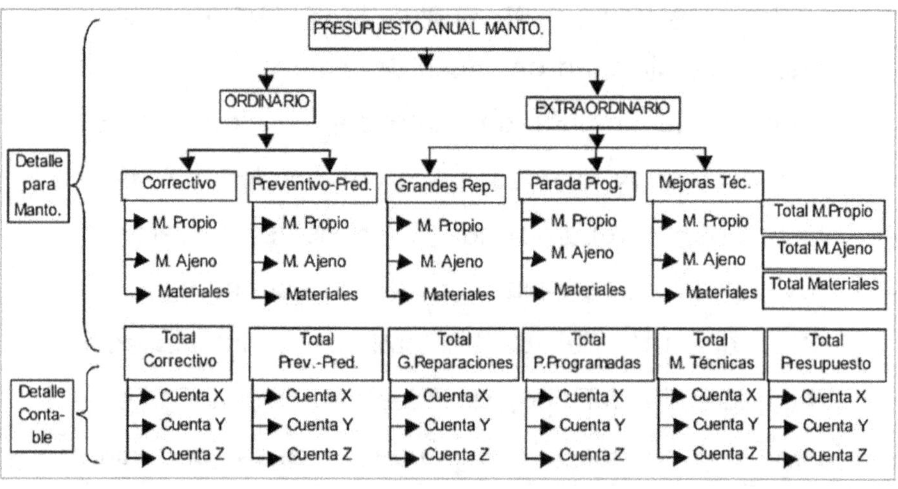

Los costes de mantenimiento

El cálculo antes realizado no deja de ser un ejercicio de pura imaginación: son gastos estimados. Cuando hablamos de costes en mantenimiento nos referimos a los que se van constatando en la realidad, con la marcha de las instalaciones y del funcionamiento real del servicio. En un entorno cada vez más competitivo, cada vez adquiere más importancia el control de los costes de mantenimiento.

Estos pueden ser:

- Directos
- Indirectos

Los costes directos o de mantenimiento están compuestos por la mano de obra y los materiales necesarios para realizar el mantenimiento.

Los costes indirectos o costes de avería son los derivados de la falta de disponibilidad o del deterioro de las funciones de los equipos. Estos no suelen ser objeto de una partida contable tal como se aplica a los costes directos, pero su volumen puede ser incluso superior a los directos.

A modo de ejemplo formarían parte de esta partida los siguientes:

-La repercusión económica por pérdida de producción por paro, falta de disponibilidad o deterioro de la función y los costes de falta de calidad.

-Las penalizaciones por retrasos en la entrega.

-Los costes extraordinarios para paliar fallos en equipos productivos: horas extraordinarias, reparaciones provisionales, etc.

-Los efectos sobre la seguridad de las personas e instalaciones, así como los efectos medioambientales provocados por los fallos.

El coste integral de mantenimiento tiene en cuenta todos los factores relacionados con una avería y no sólo los directamente relacionados con mantenimiento. Está formado por la suma de los costes directos más los costes indirectos.

El coste global o del ciclo de vida de un equipo incluye todos los costes en que se incurre a lo largo de toda la vida del equipo, entre los que se encuentran el coste directo de mantenimiento.

Conviene subrayar la importancia que tiene en mantenimiento la gestión del coste global de los equipos (life cycle cost de los anglosajones), ya que si nos fijamos sólo en los costes de mantenimiento se podría pensar que suprimiendo momentáneamente el preventivo se reducirían los costes de mantenimiento. Sin embargo, en la práctica ello llevará a un deterioro progresivo de los equipos y en último término llevará a unos costes por fallos muy superiores a los ahorros conseguidos inicialmente. Cuando hablamos de coste del ciclo de vida de un equipo incluimos:

a) El coste de adquisición, A.

b) Los gastos de su utilización, que a su vez incluyen:

-los costes de funcionamiento, F (materia prima, energía, etc.)

-Los costes de mantenimiento, M.

c) El valor residual del equipo, r (si lo tuviera) todos ellos referidos a la vida completa del equipo y expresados en dinero constante, a fin de que sus importes acumulados queden bien definidos. El coste global C vendrá dado por la siguiente expresión:

$$C = A + F + M + r$$

Si el ingreso acumulado aportado por el equipo es I, el resultado de explotación es:

$$R = I - C = I - (A + F + M + r)$$

Si prescindimos de r, la representación gráfica del resto de magnitudes expresa que, en términos muy generales, R es positivo entre a y b:

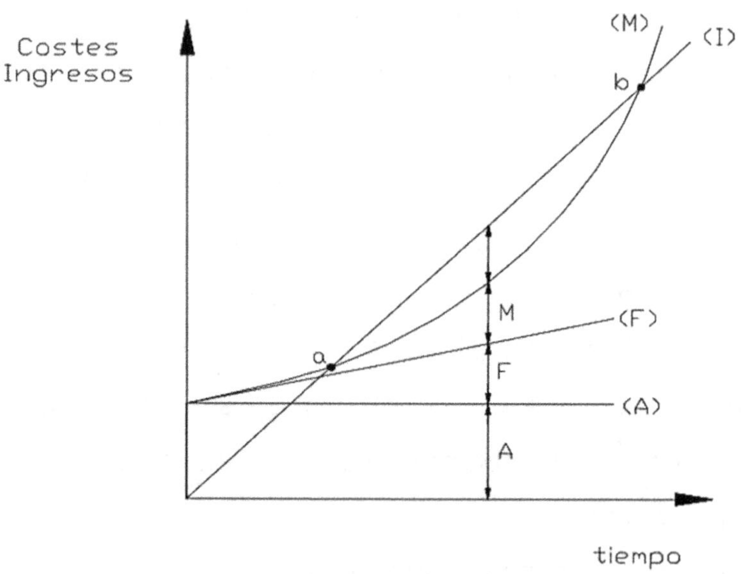

Antes de llegar al punto a (tiempo de retorno de la inversión) la operación no es rentable pues los gastos superan los ingresos. A partir de b vuelve a presentarse la misma situación por el incremento exponencial que experimentan los costes de mantenimiento cuando se ha agotado la vida útil del equipo.

Los costes son recogidos día a día en los documentos internos (OT, Vale de salida de Almacén, Certificación de trabajos); su presentación en forma de índices permite tener un "cuadro de mando" para la Gestión:

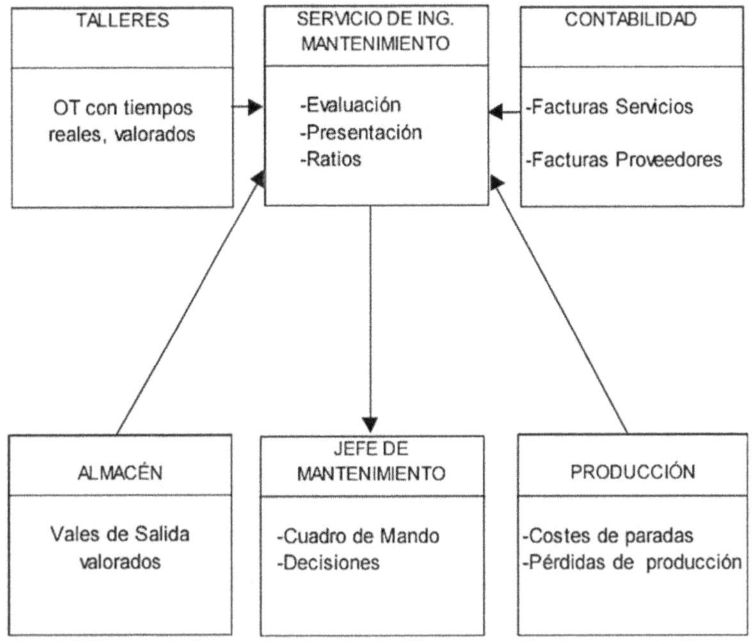

Control de gestión

-Gestionar es tomar decisiones con conocimiento de causa. La gestión del mantenimiento se realiza bajo la responsabilidad del jefe del servicio, partiendo de indicadores del cuadro de mando y normalmente con decisiones colegiadas o concertadas con el "grupo de consejeros" que depende del tamaño de la instalación. Este grupo de consejeros suele ser la ingeniería de mantenimiento, que, despojada de responsabilidades operacionales, prepara el cuadro de mando y realiza el análisis crítico y las propuestas de mejora.

-El cuadro de mando es el conjunto de informaciones tratadas y ordenadas de forma que permiten caracterizar el estado y la evolución del servicio de mantenimiento mediante:

- Estados cifrados.
- Gráficos de evolución.
- Gráficos de reparto.
- Ratios (relación convencional de dos números).

De todo ello resulta el siguiente Modelo Iterativo de Gestión:

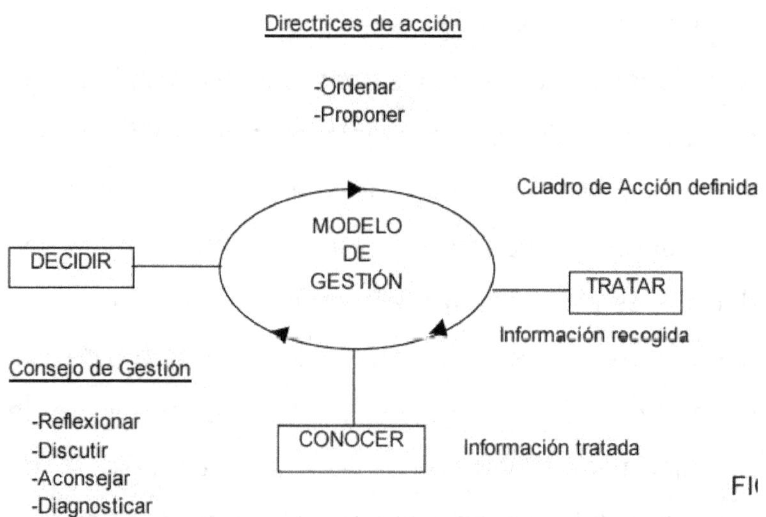

Que resulta del flujo de informaciones de los distintos campos a gestionar y que se indican en la siguiente figura:

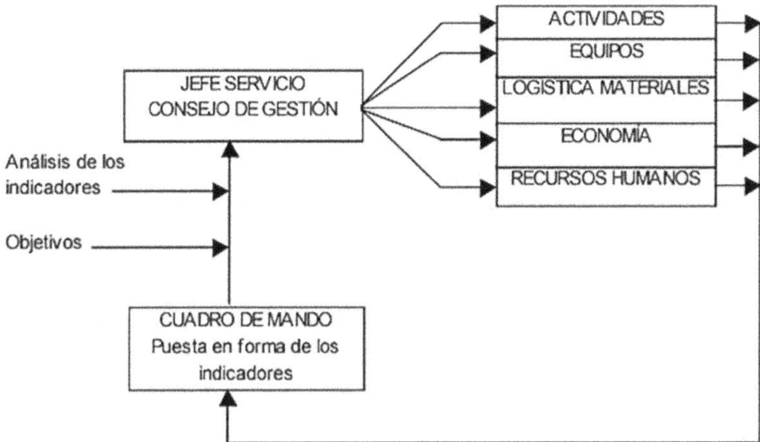

Toda esta masa de información a tratar implica medios de recogida, almacenamiento y tratamiento informático que es lo que constituye un Programa de Gestión de Mantenimiento asistida por ordenador (GMAO).

Ratios de control

Los ratios, índices o indicadores utilizados para el cuadro de mando están formados por una relación convencional de dos dimensiones cuantificadas, que pueden ser de distinta naturaleza.

Ejemplo:

$$\frac{Gastos\ de\ mantenimiento(EUROS)}{Produccion\ realizada(TONELADAS)}$$

Se utilizan para el control de la gestión y constituyen un medio de reflexión:

En valor absoluto.

Por comparación con el valor de períodos anteriores (evolución).

Por comparación con las mismas ratios en otras empresas similares.

Es normal usar varios índices para cada área de gestión a controlar. Haremos mención de los más usados al estudiar cada una de las áreas de gestión a controlar.

Control de gestión de equipos

Informaciones a recoger para asegurar el seguimiento de las máquinas:

Clasificación según estado de la máquina (Marcha, Parada, En Reparación).

Horas de uso.

Desviaciones de comportamiento.

Resultados de inspecciones.

Histórico de fallos.

Ficha de análisis de fallos.

Lista de recambios consumidos-

Consumos de lubricantes, energía.

De forma más precisa, el cálculo del MTBF (fiabilidad) y el MTTR (mantenibilidad) permitirá evaluar la DISPONIBILIDAD, que es el indicador de gestión más eficaz.

Las ratios de control más usados en la gestión de equipos se definen a continuación:

•MTBF: Tiempo Medio entre Fallos sucesivos.

Está ligado a la FIABILIDAD o probabilidad de buen funcionamiento.

Un parámetro derivado del anterior:

$$\bullet\ TASA\ DE\ FALLOS\ :\ \lambda = \frac{1}{MTBF}\ (\ N^{\circ}\ de\ averias\quad por\quad unidad\quad de\ tiempo)$$

•MTTR: Tiempo Medio de Reparación.

Está ligado a la MANTENIBILIDAD o facilidad con que puede hacerse una intervención de mantenimiento.

Un parámetro derivado del anterior:

$$\bullet\ TASA\ DE\ REPARACIÓN : \mu = \frac{1}{MTTR}\quad (N^{\circ}.\ de\ reparaciones\ por\ unidad\ de\ tiempo)$$

DISPONIBILIDAD: Capacidad de un ítem para desarrollar su función durante un determinado período de tiempo

$$D = \frac{MTBF}{MTBF + MTTR}$$

•FACTOR DE UTILIZACIÓN: Proporción entre el Tiempo de Operación de un ítem y su tiempo disponible.

Control de gestión de recursos humanos

Se trata de tener recogidos todos los datos necesarios para decidir, mejorar y orientar la gestión de la mano de obra.

La información necesaria normalmente puede ser:

-Estructura propia

- Por especialidades
- Por cualificación
- Por antigüedad media

-Nº medio de efectivos ajenos

- Por tipos de trabajo
- Por contratas

-Horas de formación

-Datos de accidentes

-Datos de absentismo

-Datos de horas extras

Los principales indicadores son:

Índice de cobertura (horas de mantenimiento propio/horas totales).

Índice de horas de formación (Horas Formación/Horas totales de trabajo).

Índice de accidentes:

$$Indice\ de\ Frecuencia = \frac{N^{\circ}\ Accidentes\ con\ Baja}{Horas\ Trabajadas\ (al\ año)}\ x\ 10^{6}$$

$$Indice\ de\ Gravedad = \frac{N^{\circ}\ Jornadas\ Perdidas\ Acctes\ con\ baja}{Horas\ Trabajadas\ (al\ año)}\ x\ 10^{3}$$

Índice de Absentismo (Horas de Ausencia/Horas Teóricas de presencia).

Control de gestión de actividades

Toda actividad de mantenimiento da lugar a una OT que, una vez asignados los costos (mano de obra, materiales) permite su valoración. Toda la información asociada a las actividades propias de mantenimiento que ya comentamos:

- Preparación
- Programación
- Lanzamiento
- Ejecución
- Retroinformación

Es almacenada en la base de datos de mantenimiento (GMAO), y nos facilitará el análisis de la gestión.

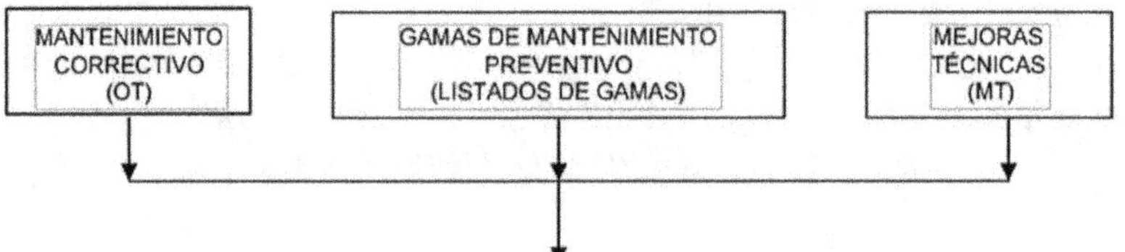

El análisis de la gestión permitirá, entre otros, disponer de la siguiente información:

-Evolución y Reparto de las actividades en tiempo (horas).

-Evolución y Reparto de los gastos (Euros).

-OT'S por Talleres, Plantas, Máquinas.

Se utiliza los siguientes ratios o indicadores de control:

% OT's Preventivo/Total OT's.

% OT's Correctivo/Total OT's.

% OT's Urgentes/Total OT's.

% OT's Ejecutadas/Total lanzadas.

Control de gestión de existencias y aprovisionamientos

Partiendo de los movimientos de almacén (Vales de salida, Vales de entrada/Bonos de Recepción) se determinan las existencias actuales.

En la gestión de existencias se compara el valor anterior (existencias actuales) con el punto de pedido definido para cada artículo y permite emitir una propuesta de compra por cada artículo cuyas existencias sean inferiores al punto de pedido. En cada caso, la cantidad a pedir estará definida por los siguientes parámetros:

- Consumo anual.
- Plazo de entrega.
- Stock de seguridad.

Según vimos en el capítulo sobre Gestión de Stocks.

Esta gestión nos permite conocer:

La evolución del inmovilizado del almacén de repuestos.

Analizar fallos de reaprovisionamiento; Faltas de materiales.

Analizar consumos de repuestos por máquinas (Piezas, Importe).

Conocer la rotación de almacenes.

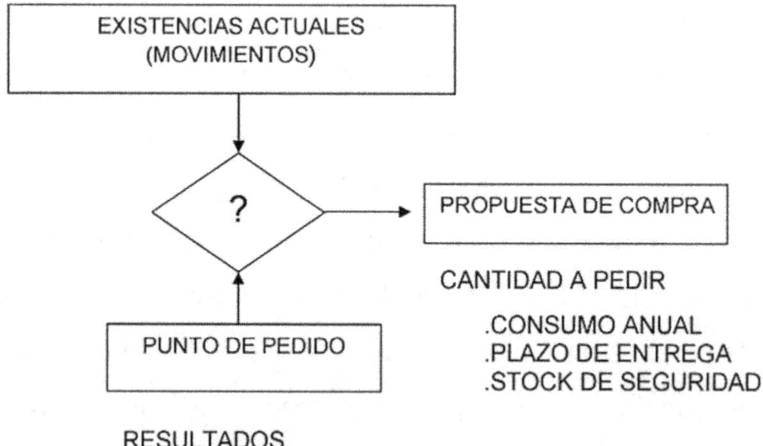

Se suelen usar las siguientes ratios para el control de gestión:

- % Repuestos/Gasto Total Mantenimiento.

- Inmovilizado en Repuestos/Valor Reposición Planta.

- Índice de Rotación IR= Consumo Anual/Existencias medias.

Control de gestión económica

Es muy importante disponer de un seguimiento de los costes reales; su comparación con los presupuestados para cada cuenta de cargo y analizar las causas de las desviaciones. Al menos mensualmente se debe hacer este seguimiento con objeto de tomar medidas para evitar y corregir las desviaciones. La codificación de máquinas y actividades nos debe permitir tener clasificados los costes reales imputados según se presupuestaron:

- Costes de Mantenimiento Correctivo.
- Costes de Mantenimiento Preventivo
- Costes de Mantenimiento Predictivo (Preventivo condicional).
- Costes de Mejoras Técnicas.
- Costes de Mano de Obra Propia.
- Costes de Mano de Obra Ajena.
- Costes de Materiales.
- Costes de Repuestos específicos.

La comparación con las respectivas masas presupuestadas constituye uno de los elementos más importantes del cuadro de mando.

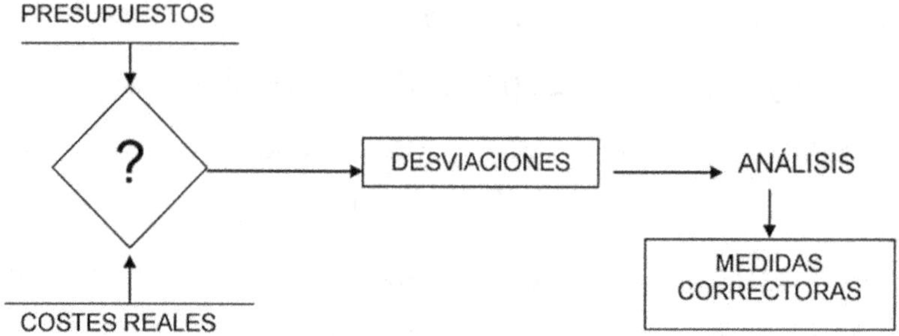

Además de la distribución de los costes reales, desviaciones por tipos de mantenimiento y por concepto de costo, se utilizan las siguientes ratios de control:

- Costo Total Mantenimiento/ Producción.

- Costo Total Mantenimiento/Valor Reposición de la Planta (2-10%, s/tipos).

- Costo Total Mantenimiento / Facturación (1 -9,8% s/tipos).

- Costo Total Mantenimiento/Beneficios (61,8 - 87'5% s/tipos).

- Costo Medio por Averías.

- Costo Medio por Tipos de Equipos.

Análisis de averías

Finalmente, el análisis técnico de las averías producidas es una de las fases más importantes de la gestión del servicio de Mantenimiento. Sin ella, el servicio se justifica limitándose a devolver los equipos a su estado de buen funcionamiento. Se trata de una cultura muy generalizada con la que hay que acabar. De ahí le viene la importancia a esta fase de la Gestión:

Se trata de no conformarse con mantener las máquinas funcionando, sino que hay que buscar la mejora continua: mejorar la fiabilidad, aumentar la disponibilidad y reducir los costos de mantenimiento.

Es la fase de reflexión sobre los resultados del sistema y en la que han de participar todas las entidades que forman el servicio de mantenimiento, aportando su contribución.

Análisis de fiabilidad de equipos

Introducción

La teoría de la fiabilidad es el conjunto de teorías y métodos matemáticos y estadísticos, procedimientos y prácticas operativas que, mediante el estudio de las leyes de ocurrencia de fallos, están dirigidos a resolver problemas de previsión, estimación y optimización de la probabilidad de supervivencia, duración de vida media y porcentaje de tiempo de buen funcionamiento de un sistema. Tiene sus orígenes en la aeronáutica (seguridad de funcionamiento). Un paso significativo se dio en Alemania cuando se trabajó con el misil V1. Von Braun consideraba erróneamente que, en una cadena de componentes, cuyo buen funcionamiento era esencial para el correcto funcionamiento del conjunto, la probabilidad de fracaso dependía exclusivamente del funcionamiento del componente más débil. Erich Pieruschka (matemático del equipo) dio vida a la fórmula de la fiabilidad del sistema a partir de la fiabilidad de los componentes, que permite afirmar que la fiabilidad del conjunto es siempre inferior a la de sus componentes individuales. Posteriormente en el sector militar en EEUU, para garantizar el funcionamiento de sistemas electrónicos y finalmente en el industrial, para garantizar la calidad de los productos y eliminar riesgos de pérdidas valiosas, dieron el impulso definitivo para su paulatina implantación en otros campos.

Definiciones básicas

-Fallo: Es toda alteración o interrupción en el cumplimiento de la función requerida.

-Fiabilidad (de un elemento): Es la probabilidad de que funcione sin fallos durante un tiempo (t) determinado, en unas condiciones ambientales dadas.

-Mantenibilidad: Es la probabilidad de que, después del fallo, sea reparado en un tiempo dado.

-Disponibilidad: Es la probabilidad de que esté en estado de funcionar (ni averiado ni en revisión) en un tiempo dado.

Si adoptamos, para simplificar, que el esquema de vida de una máquina consiste en una alternancia de "tiempos de buen funcionamiento" (TBF) y "tiempos de averías" (TA):

En los que cada segmento tiene los siguientes significados:

TBF: Tiempo entre fallos

TA: Tiempo de parada

TTR: Tiempo de reparación

TO: Tiempo de operación

n: Número de fallos en el periodo considerado

podemos definir los siguientes parámetros como medidas características de dichas probabilidades:

a) El tiempo medio entre fallos (MTBF) como medida de la Fiabilidad:

$$MTBF = \frac{\sum_{0}^{n} TBF_i}{n} \text{ [días]}$$

y su inversa (λ) conocida como la tasa de fallos:

$$\lambda = \frac{1}{MTBF} \left[\text{N° de fallos/Año} \right]$$

b) El tiempo medio de reparación (MTTR) como medida de la Mantenibilidad:

$$MTTR = \frac{\sum_{0}^{n} TTRi}{n} \ [\text{días}]$$

y su inversa (μ) conocida como la tasa de reparación:

$$\mu = \frac{1}{MTTR} \ \left[N° \, de \, Reparaciones/Año\right]$$

c) La disponibilidad (D) es una medida derivada de las anteriores:

$$D = \frac{\sum_{1}^{n} TBFi}{TO} = \frac{\sum TBFi}{\sum TBFi + \sum TAi} = \frac{\sum TBFi/n}{\sum TBFi/n + \sum TAi/n} = \frac{MTBF}{MTBF + MTTR}$$

Es decir, la disponibilidad es función de la fiabilidad y de la mantenibilidad.

Otra medida de la fiabilidad es el factor de fiabilidad:

$$FF = \frac{HT - HMC}{HT}$$

donde

HT: Horas totales del periodo.

HMC: Horas de Mantenimiento Correctivo (Averías).

HMP: Horas de Mantenimiento Preventivo (programado).

Y otra medida de la disponibilidad es el factor de disponibilidad:

$$FD = \frac{HT - HMC - HMP}{HT}$$

donde se pone claramente de manifiesto que la disponibilidad es menor que la fiabilidad, puesto que, al contabilizar el tiempo de buen funcionamiento, en la disponibilidad se prescinde de todo tipo de causas posibles (se incluye el tiempo de mantenimiento preventivo programado):

$$D = \frac{TO - \sum_{o}^{n} TA_i}{TO}$$

Sin embargo, en el cálculo de la fiabilidad, al contabilizar el tiempo de buen funcionamiento, no se incluye el tiempo de mantenimiento preventivo programado.

El esquema siguiente es un resumen de los parámetros que caracterizan la vida de los equipos:

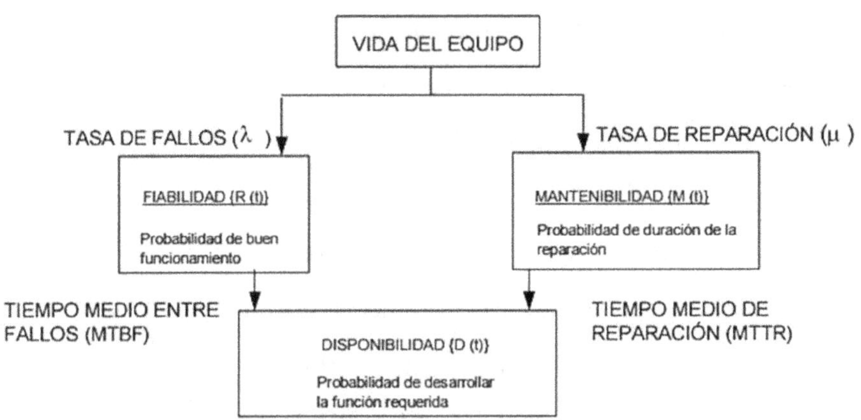

$$D = \frac{MTBF}{MTBF \ + \ MTTR}$$

Teoría de la fiabilidad

Hemos definido antes la fiabilidad como la probabilidad de que un elemento, conjunto o sistema funcione sin fallos, durante un tiempo dado, en unas condiciones ambientales dadas.

Ello supone:

a) Definir de forma inequívoca el criterio que determina si el elemento funciona o no.

b) Que se definan claramente las condiciones ambientales y de utilización y se mantengan constantes.

c) Que se defina el intervalo t durante el cual se requiere que el elemento funcione.

-Para evaluar la fiabilidad se usan dos procedimientos:

a) Usar datos históricos. Si se dispone de muchos datos históricos de aparatos iguales durante un largo período no se necesita elaboración estadística.

Si son pocos aparatos y poco tiempo hay que estimar el grado de confianza.

b) Usar la fiabilidad conocida de partes para calcular la fiabilidad del conjunto.

Se usa para hacer evaluaciones de fiabilidad antes de conocer los resultados reales.

-Consideramos t "tiempo hasta que el elemento falla" como variable independiente (período al que se refiere la fiabilidad).

Función de distribución de probabilidad: f (t).

Probabilidad de que el elemento falle en instante t: f (t) dt.

Probabilidad de que falle en el instante t o antes (infiabilidad):

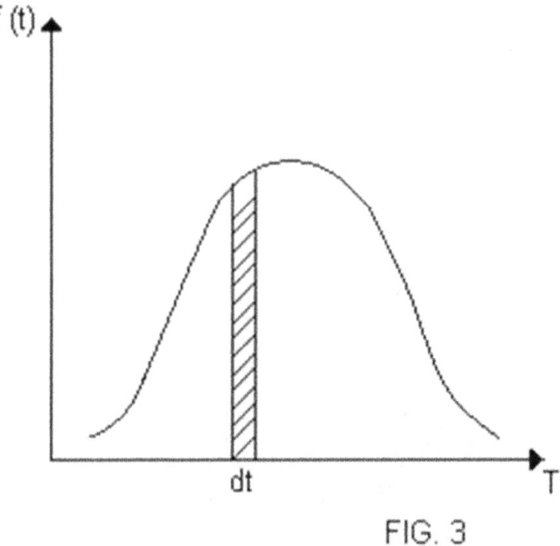

$$F(t) = \int_{0}^{t} f(t)\,dt$$

donde F(t) es la función de distribución de probabilidad acumulada. (Todo elemento acaba por fallar).

$$\int_{0}^{\infty} f(t)\,dt = 1$$

Fiabilidad, R(t), Probabilidad de que funcione todavía en el instante t:

$$R\,(t) = 1 - F\,(t)$$

$$R(t) = 1 - \int_{0}^{t} f(t)dt$$

Tasa de fallos, λ (t), es la función de distribución de Probabilidad (condicional) de un elemento que ha funcionado bien hasta el instante t, y falla en el tiempo comprendido entre t y t+dt.

Véase la diferencia entre f (t) y λ (t):

-f (t) dt representa la fracción de población que falla entre t y t+dt, respecto una población sana en t=o (original).

-λ (t)dt representa la fracción de población que falla entre t y t+dt, respecto una población sana en el momento t (es menos numerosa, o como máximo igual a la población original).

f (t) dt es una probabilidad a priori, referida al instante inicial de funcionamiento.

λ (t) dt es una probabilidad a posteriori, condicionada a la información cierta de que el aparato ha funcionado bien hasta el momento t.

Análisis de la función tasa de fallos λ (t)

Tiene la dimensión inversa de un tiempo, por lo que puede interpretarse como "Número de fallos en la unidad de tiempo".

-Al representarla gráficamente para una población homogénea de componentes, a medida que crece su edad t:

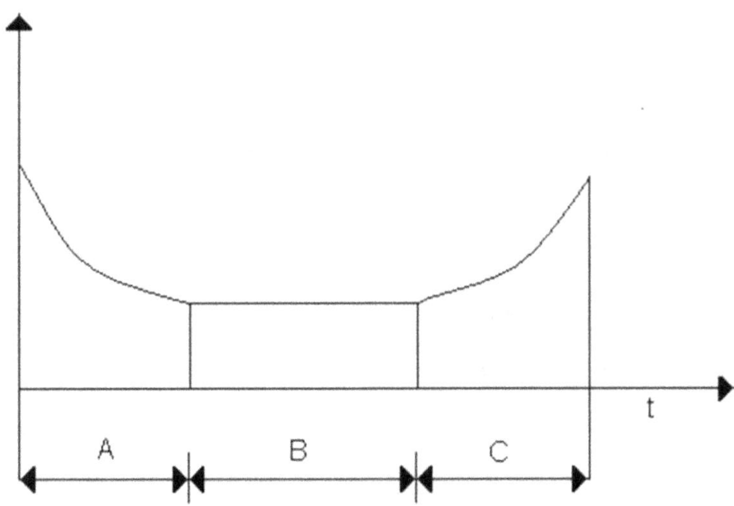

Resulta ser la llamada curva de la bañera, en la que se distinguen claramente tres períodos:

A: Período de Mortalidad Infantil

- Fallos de rodaje, ajuste o montaje.

- La tasa de fallos es decreciente.

- Propio de componentes de Tecnología Mecánica.

B: Período de Fallos por azar (o aleatorios)

- Tasa de fallos constante.

- Propio de materiales de Tecnología eléctrica/electrónica.

C: Período de Fallos por Desgaste ó Vejez

- Tasa de fallos creciente.

- Propio de materiales de Tecnología mecánica o electromecánica (desgaste progresivo).

En general, la curva $\lambda(t)$ resulta de la superposición de la curva (a) asociada a los defectos iniciales tras la puesta en servicio y la curva (b) que marca los fenómenos de desgaste o deterioro de la función.

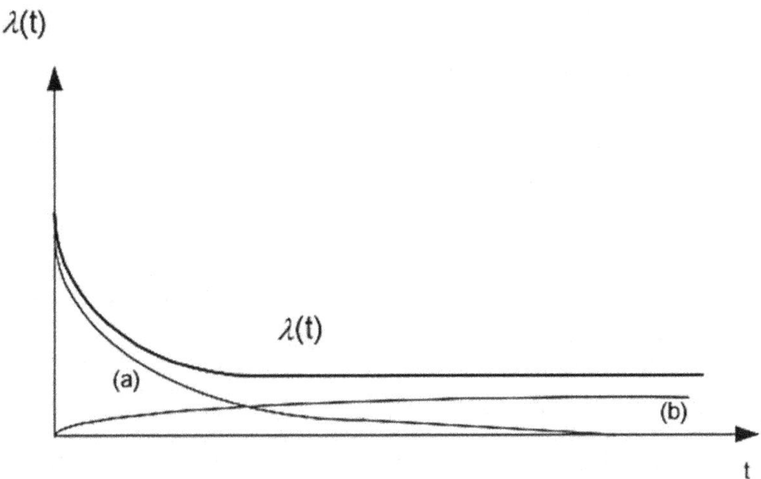

De manera que, dependiendo de la influencia de cada uno de los fenómenos mencionados, la tasa de fallo tendrá una forma distinta. Así en los equipos mecánicos predominan los fenómenos asociados al desgaste y su tasa de fallo crece con el tiempo:

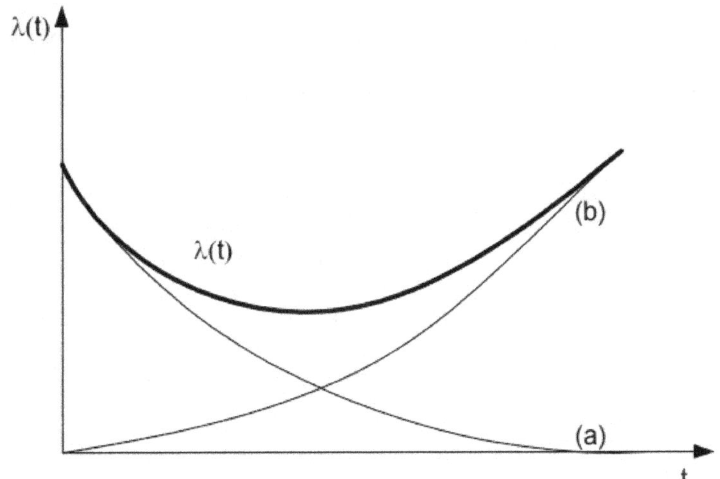

Fiabilidad de los sistemas

Tratamos ahora de establecer la relación que liga la fiabilidad de un sistema complejo con la de sus componentes individuales.

La fiabilidad de un sistema no es otra que la probabilidad de ocurrencia del acontecimiento "NO HAY FALLOS", lo cual es, a su vez, resultado de una serie de acontecimientos más simples. Las partes componentes del sistema se pueden comportar, desde el punto de vista de la fiabilidad de forma independiente o no. El funcionamiento, desde el punto de vista de la fiabilidad, de un sistema se representa mediante esquemas de bloques adecuadamente conectados, de forma que cada bloque representa un elemento o subsistema.

Estos esquemas no corresponden con los esquemas funcionales de la instalación (No hay correspondencia con el despiece físico), sino que representan la dependencia lógica del acontecimiento "fallo del sistema".

a) Sistemas en serie. El fallo de uno cualquiera de sus componentes determina el fallo del sistema completo.

b) Sistemas en paralelo. Basta que funcione un elemento para que funcione todo el sistema. Se llaman también sistemas redundantes.

En este caso se simplifican los cálculos usando la función infiabilidad F(t) = 1 - R(t)

Sistemas complejos. Método del árbol de fallos

Normalmente, en los equipos, los componentes forman un sistema complejo que en parte son subsistemas en serie y en parte subsistemas en paralelo. De los diversos métodos existentes para estudiar la fiabilidad de sistemas complejos el que mejor se adapta a un tratamiento informático es el método del árbol de fallos. Consiste en descomponer, escalonadamente, la ocurrencia de un suceso en un sistema lógico secuencial integrado por unidades (elementos) operativos independientes, hasta alcanzar los sucesos tomados como iniciales (primarios). Cada unidad queda identificada por su denominación y la función (operación-fallo) que se espera de ella. Los estados en que pueden encontrarse las unidades son dos: Operativo-Fallo.

A partir del suceso en estudio se responde a la pregunta:

¿qué se necesita para funcionar? R (t) ⎫
¿qué se necesita para que falle? λ (t) ⎭ Según lo que se busque.

Se utilizan símbolos, con el siguiente significado:

SIGNIFICADO	SÍMBOLO
SUCESO PRIMARIO No requiere desarrollo posterior o no es posible desarrrollarse, por alguna razón.	○
SUCESO SECUNDARIO Resulta la combinación lógica de sucesos previos.,	▭
CADENA REPETIDA Resume una cadena, idéntica, ya analizada.	△
PUERTA O Operador lógico que permite el suceso siguiente cuando se presente cualquiera de los precedentes. Existe redundancia.	O
PUERTA Y Operador lógico que permite el suceso siguiente cuando se presentan todos los precedentes. Existe coincidencia.	Y

-Se comienza eligiendo el suceso final objeto del análisis. A partir de aquí se van determinando los sucesos previos inmediatos que, por combinación lógica, pueden ser su causa. El proceso se repite hasta llegar a un nivel de sucesos básicos que no requieren mayor análisis. Una vez desarrollado para cada suceso preestablecido, es posible determinar cualitativa y cuantitativamente la fiabilidad del sistema.

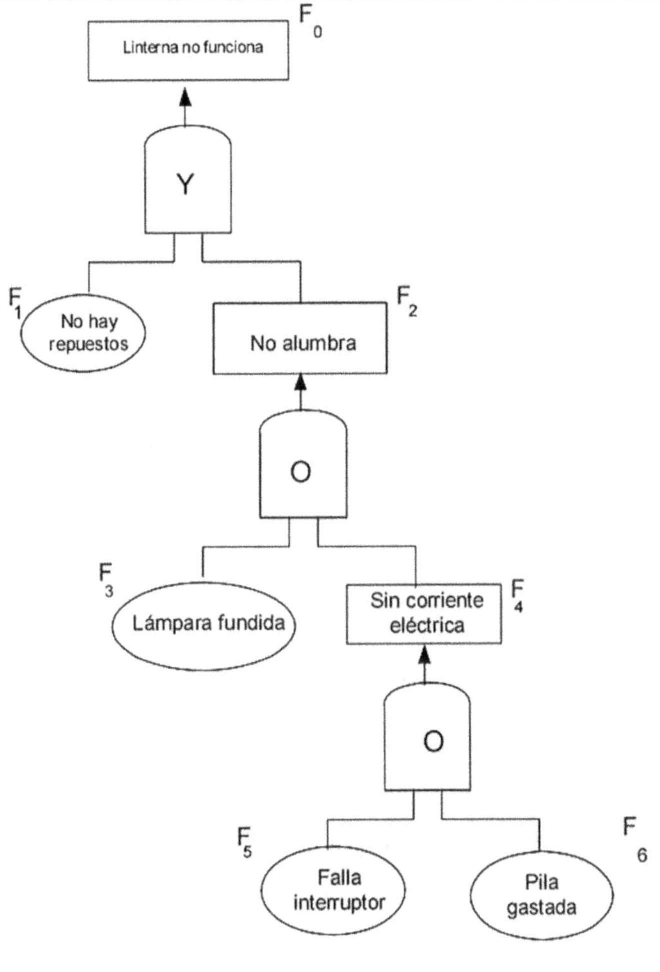

FIG. 10

F_i representa la tasa de fallo de cada evento:

$$\left. \begin{array}{l} F_0 = F_1 \cdot F_2 \\ F_2 = F_3 + F_4 \\ F_4 = F_5 + F_6 \end{array} \right\} F_0 = F_1 \cdot (F_3 + F_5 + F_6) = F_1 \cdot F_3 + F_1 \cdot F_5 + F_1$$

El análisis cualitativo permite determinar los sucesos (fallos mínimos) que deban presentarse (condición necesaria y suficiente) para que ocurra el suceso principal. El análisis cuantitativo (mediante el álgebra de Boole) determina la fiabilidad del sistema si se conocen la de los distintos elementos o sucesos primarios. Ejemplo: Fallos de una linterna eléctrica de mano para que no funcione. Cuando es conocida la probabilidad de cada suceso primario, es posible calcular la del fallo principal. (Datos históricos/Datos de fabricantes). De esta forma se determina si es aceptable o no el fallo principal, y nos ayuda a:

-Determinar la fiabilidad de elementos, subsistemas y sistemas.

-Analizar la fiabilidad de distintos diseños (análisis comparativo).

-Identificar componentes críticos, que pueden ser causa de sucesos indeseables.

-Analizar fallos críticos que previamente han sido identificados por un análisis AMFE.

Como consecuencia de estos análisis podemos decir que el método del árbol de fallos se podría utilizar para:

-Evidenciar la fiabilidad de un sistema.

-Comparar con la de otros sistemas.

-Proponer modificaciones en el diseño.

e incluso para establecer el plan de su mantenimiento preventivo (gamas y frecuencia).

Mantenibilidad. Disponibilidad

Se trata de conceptos paralelos a la fiabilidad en tanto en cuanto son funciones de distribución de probabilidad, de acuerdo con las definiciones dadas antes.

-La mantenibilidad, probabilidad de ser reparado en un tiempo predeterminado, se refiere a la variabilidad de los tiempos de reparación, que es muy grande por los numerosos factores que pueden intervenir.

La función de distribución de estos tiempos puede ser:

-Distribución Normal: Tareas relativamente sencillas.

-Distribución Logarítmico-Normal: La mayoría de los casos en mantenimiento.

Función de distribución de probabilidad m (t), indica la distribución de los tiempos de mantenimiento.

-La disponibilidad, probabilidad de desarrollar la función requerida, se refiere a la probabilidad de que no haya tenido fallos en el tiempo t, y que sea reparada en un tiempo menor al máximo permitido.

Equilibrado de rotores

Importancia del equilibrado

Si la masa de un elemento rotativo está regularmente distribuida alrededor del eje de rotación, el elemento está equilibrado y gira sin vibración. Si existe un exceso de masa a un lado del rotor, la fuerza centrífuga que genera no se ve compensada por la del lado opuesto más ligera, creando un desequilibrio que empuja al rotor en la dirección más pesada. Se dice entonces que el rotor está desequilibrado.

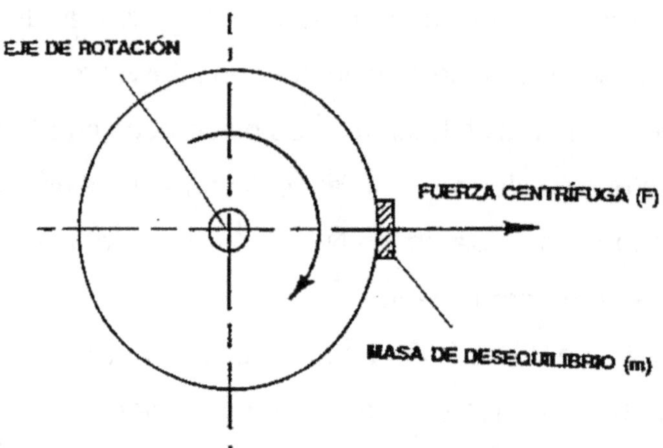

El desequilibrio de piezas rotativas genera unas fuerzas centrífugas que aumentan con el cuadrado de la velocidad de rotación y se manifiesta por una vibración y tensiones en el rotor y la estructura soporte. Las consecuencias pueden ser muy severas:

- Desgaste excesivo en cojinetes, casquillos, ejes y engranajes.
- Fatiga en soportes y estructura.
- Disminución de eficiencia.
- Transmisión de vibraciones al operador y otras máquinas.

Por tanto, el equilibrado tiene por objeto:

- Incrementar la vida de cojinetes
- Minimizar las vibraciones y ruidos
- Minimizar las tensiones mecánicas
- Minimizar las pérdidas de energía
- Minimizar la fatiga del operador.

Causas de desequilibrio

El exceso de masa en un lado del rotor (desequilibrio) puede ser por:

- Tolerancias de fabricación en piezas fundidas, forjadas e incluso mecanizadas.
- Heterogeneidades en materiales como poros, inclusiones, diferencias de densidad.

- Falta de simetría en diseño, tales como chaveteros, etc.
- Falta de simetría en uso tales como deformaciones, distorsiones y otros cambios dimensionales debido a tensiones, fuerzas aerodinámicas o temperatura.

Las piezas rotativas se deben diseñar para un equilibrado inherente. No obstante, la comprobación del equilibrado es una operación complementaria en su fabricación ya que se pueden generar heterogeneidades, deformaciones en marcha, etc., que deben ser equilibradas.

En cualquier caso, siempre quedará un desequilibrio residual que será o no admisible en función del tipo de máquina y su velocidad de rotación. Ese desequilibrio admisible será función, por tanto, de la velocidad de rotación.

El desequilibrio se mide en gramos x milímetros, aunque también es muy usada la unidad gramos x pulgada (g.inch).

Ejemplo de desequilibrio de 100 g.inch:

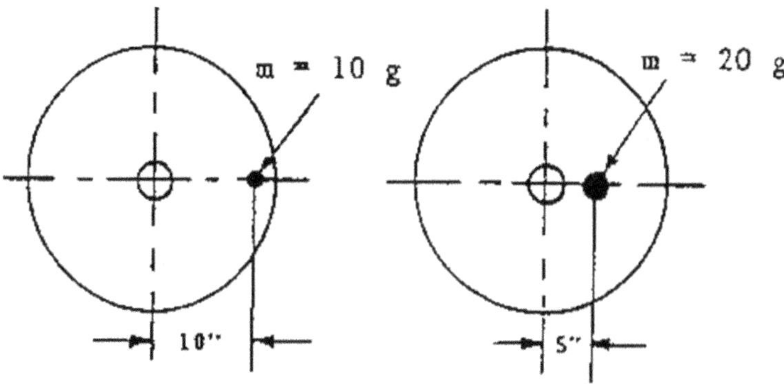

Tipos de desequilibrio y efectos

La norma ISO 1925 describe cuatro tipos de desequilibrio, mutuamente exclusivos. Se describen a continuación con ejemplos colocando masas desequilibradoras sobre un rotor perfectamente equilibrado:

a) Desequilibrio Estático

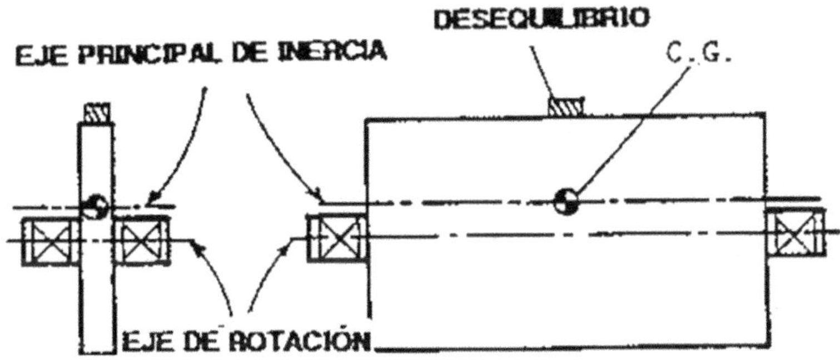

También llamado desequilibrio de fuerza.

Existe cuando el eje principal de inercia está desplazado paralelamente al eje de giro.

Se corrige colocando una masa correctora en lugar opuesto al desplazamiento del C.G., en un plano perpendicular al eje de giro y que corte al C.G.

b) Desequilibrio de Par

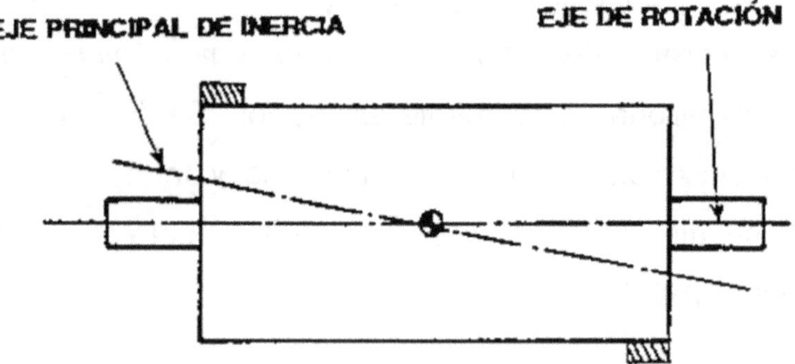

También llamado desequilibrio de momento.

Existe cuando el eje principal de inercia intercepta con el eje de giro, en el C.G.:

Dos masas de desequilibrio en distintos planos y a 180° una de otra. Para su corrección se precisa un equilibrado dinámico. No se pueden equilibrar con una sola masa en un solo plano. Se precisan al menos dos masas, cada una en un plano distinto y giradas

180° entre sí. En otras palabras, el par de desequilibrio necesita otro par para equilibrarlo. Los planos de equilibrado pueden ser cualesquiera, con tal que el valor del par equilibrador sea de la misma magnitud que el desequilibrio existente.

c) Desequilibrio Cuasi-Estático

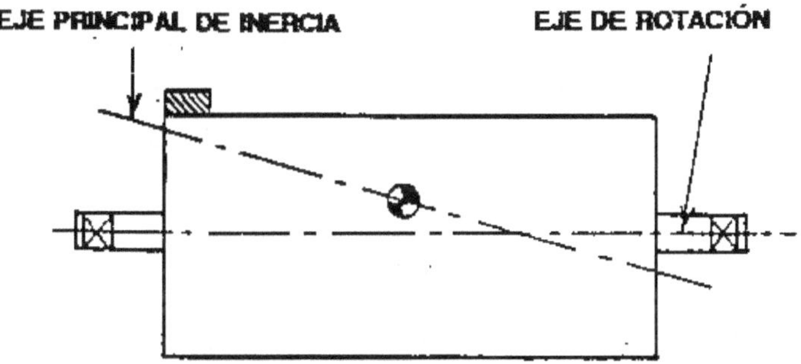

Existe cuando el eje principal de inercia intercepta el eje de giro, pero en un punto distinto al centro de gravedad.

Representa una combinación de desequilibrio estático y desequilibrio de par.
Es un caso especial de desequilibrio dinámico.

d) Desequilibrio Dinámico

Masas de desequilibrio

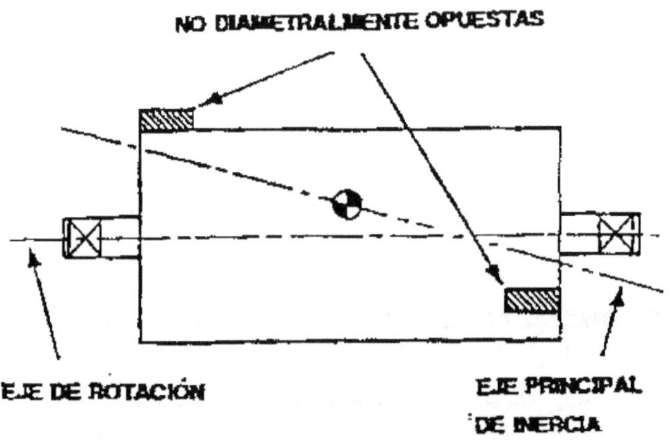

Existe cuando el eje principal de inercia no es ni paralelo al eje de giro ni lo corta en ningún punto: dos masas en distintos planos y no diametralmente opuestas. Es el más común de los desequilibrios y necesita equilibrarse necesariamente en, al menos, dos planos perpendiculares al eje de giro. Un rotor desequilibrado, cuando gira en sus cojinetes, causará una vibración periódica y ejercerá una fuerza periódica sobre cojinetes y estructura soporte. La figura siguiente representa el movimiento de un rotor con desequilibrio estático y el mismo con un desequilibrio de par. En caso de desequilibrio dinámico el rotor se moverá de forma más compleja, resultado de la combinación de los movimientos ilustrados.

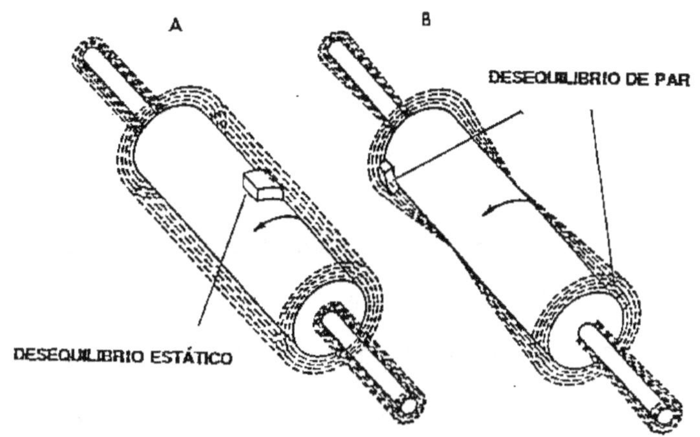

Si la estructura es rígida la fuerza ejercida es mayor que si la estructura es flexible (excepto en resonancia). En la práctica las estructuras no son ni puramente rígidas ni flexibles. El sistema formado por cojinetes y sus soportes constituyen un sistema elástico con amortiguamiento (resorte + amortiguación), que tiene su frecuencia propia de resonancia. Cuando el rotor gira a baja velocidad, debido a su naturaleza antes descrita (sistema elástico con amortiguamiento), el eje principal de inercia gira en fase con la deflexión generada en el sólido. Si se aumenta la velocidad de giro, aumenta la deflexión y al mismo tiempo se va produciendo un desfase entre ambos (deflexión retrasada respecto a la posición del eje principal de inercia). Cuando la velocidad de rotación es próxima a la de resonancia, el eje principal de inercia se mueve con un ángulo de fase de 90° respecto a la deflexión, debido al amortiguamiento.

Si se sigue aumentando la velocidad de rotación, el ángulo de fase aumenta hasta 180°, a una velocidad doble de la de resonancia, permaneciendo constante tanto la amplitud como el ángulo de fase para velocidades superiores.

Esta situación se ilustra en la figura siguiente (ángulo de fase y amplitud de vibración en función de la velocidad de rotación):

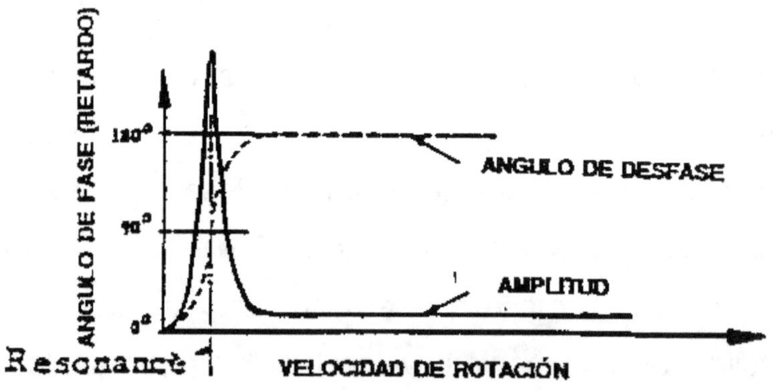

Máquinas de equilibrado

El objeto de una máquina de equilibrado es determinar las dos magnitudes del desequilibrio:

- El desequilibrio (g. inch).
- Posición angular.

En uno, dos o más planos de corrección seleccionados (uno para desequilibrio estático y dos o más para desequilibrio dinámico).

Básicamente existen dos tipos de máquinas para equilibrado dinámico:

- De cojinetes Flexibles.
- De cojinetes Rígidos.

Las primeras tienen un sistema de fijación muy flexible permitiendo al rotor vibrar libremente al menos en una dirección (horizontal, perpendicular al eje de rotación). Los cojinetes vibran al unísono con el rotor. La resonancia del sistema rotor- cojinetes ocurre a 1/2 o menos de la más baja velocidad de equilibrado. A esas velocidades tanto la amplitud de la vibración como el ángulo de fase se han estabilizado y pueden ser medidos con una fiabilidad razonable.

Las de cojinetes rígidos son esencialmente iguales excepto en el sistema de suspensión de cojinetes que es mucho más rígido. De esta forma la frecuencia de resonancia del sistema ocurre a frecuencias varias veces superior a la de medida resultando estar comprendida ésta en un rango dentro del cual la amplitud y ángulo de fase son suficientemente estables y su medida precisa.

Los sensores de vibración son básicamente los mismos en ambas máquinas. Suelen ser del tipo de velocidad o, en algún caso, piezoeléctrico (de aceleración). El diagrama de bloques de la instrumentación es el de la figura siguiente:

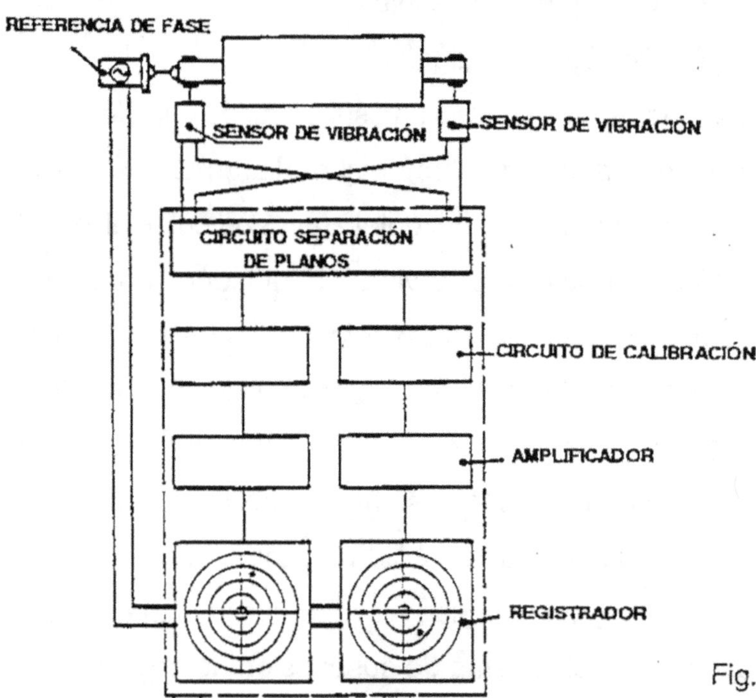

Fig.

La especificación correcta de la máquina para una aplicación concreta supone:

- Describir el tipo de rotores a equilibrar y tolerancias de equilibrado exigidas.
- Especificar condiciones y pruebas de aceptación de la máquina.
- Para ello la norma ISO 2953 sugiere un formato apropiado.

Proceso de equilibrado

Un rotor se debe equilibrar:

A una velocidad tan baja como sea posible para disminuir los requerimientos de potencia, los esfuerzos aerodinámicos, ruidos y daños al operador.

Debe ser lo suficientemente alta para que la máquina equilibradora tenga suficiente sensibilidad para alcanzar las tolerancias de equilibrado requeridas.

Para ello la primera cuestión a resolver es si el rotor a equilibrar es rígido o flexible.

Se considera un rotor rígido si puede ser equilibrado en dos planos (seleccionados arbitrariamente) y, después de la corrección, su desequilibrio no excede los límites de tolerancia a cualquier velocidad por encima de la velocidad de servicio. Un rotor flexible no satisface la definición de rotor rígido debido a su deformación elástica. Por tanto, un rotor rígido se puede equilibrar a la velocidad estándar de la equilibradora, cualquiera que sea su velocidad de giro en servicio. En la mayoría de los casos se puede asumir que un rotor puede ser equilibrado satisfactoriamente a baja velocidad si su velocidad de servicio es menor que el 50% de su primera velocidad crítica. Existe un test para determinar, en otros casos, si un rotor es rígido, para los propósitos de su equilibrado:

Se equilibra el rotor primero a baja velocidad.

Se añade una masa de prueba en la misma posición angular en dos planos próximos a los cojinetes. Se pone en marcha y se mide vibraciones en ambos cojinetes.

Se para el rotor y se mueven las masas hacia el centro del mismo o hacia donde se espera causar la mayor distorsión del rotor. En una nueva prueba de giro se vuelven a medir vibraciones en ambos cojinetes.

Si la primera lectura fue A y la segunda B, la relación A / A - B no debe exceder de 0,2. En tal caso la experiencia muestra que el rotor se puede considerar rígido y, por tanto, puede ser equilibrado a baja velocidad.

En caso contrario el rotor es flexible y debe ser equilibrado a su velocidad de giro en servicio o próximo a ella.

El proceso completo de equilibrado consta de los siguientes pasos:

1.- Fijar la velocidad de equilibrado.

Es función del tipo de rotor:

• A baja velocidad si es rígido

• A la velocidad de giro del rotor en servicio si es flexible.

2.- Fijar el sentido de rotación de equilibrado.

La dirección de giro no es importante excepto en caso de rotores con álabes. En ese caso la dirección debe ser:

• Las turbinas en sentido contrario a su dirección de giro.

• Los compresores en el mismo sentido que su dirección de giro.

• Algunos ventiladores necesitan cerrar el impulsor para reducir los requerimientos de potencia a un nivel aceptable.

3.- Determinar el número de planos de equilibrado:

• 1 o 2 para rotores rígidos, según el tipo de desequilibrio existente.

• n+2 para rotores flexibles, siendo n la n-sima velocidad crítica por encima de la cual está la velocidad de rotación en servicio.

4.- Realizar la lectura del desequilibrio y de su fase, en cada uno de los planos elegidos.

5.- Llevar a cabo las correcciones correspondientes.

Las correcciones se llevan a cabo tanto añadiendo como quitando masas.

Se debe seleccionar el método que asegure corregir el desequilibrio inicial a menos de la tolerancia admitida en un solo paso.

Normalmente se pueden conseguir reducciones de 10:1 quitando masas y de 20:1 y superiores añadiendo masas.

La adición de masas consiste en añadir masas soldadas en superficies apropiadas, procurando no producir distorsiones en el rotor.

La reducción de masas se puede conseguir:

Por taladrado. Probablemente el método más efectivo. Hay que calcular la profundidad de taladrado necesaria.

Por esmerilado e incluso corte, si la geometría del rotor lo permite. Es menos seguro y hay que hacer varias pruebas.

6.- Realizar una nueva medida del desequilibrio residual.

Se trata de comprobar que el desequilibrio resultante, después de la corrección, está dentro de las tolerancias de equilibrado admisibles.

En caso contrario habría que repetir los pasos 5 y 6, hasta conseguir un desequilibrio residual que se ajuste a la norma aplicada.

Tolerancias de equilibrado

Se trata de fijar el desequilibrio residual admisible para cada aplicación:

Para rotores rígidos están establecidos por la norma ISO 1940 (Calidad de Equilibrado de Rotores Rígidos).

Se definen varios tipos de rotores.

Se elige el caso más parecido de la tabla.

Se determina el desequilibrio residual admisible en gráfico.

También se pueden usar nomogramas.

Para rotores flexibles se aplica la norma ISO 5343 (conjuntamente con ISO 1940 e ISO 5406). En este caso, además del tipo de rotor, se definen:

4 bandas de calidad (A, B, C, D) según la calidad de equilibrado requerido.

3 factores de corrección (C1, C2, C3) según las circunstancias de las medidas de vibración efectuadas.

Para rotores acoplados entre sí, con velocidad crítica diferentes en cada caso, hay que aplicarle las normas a cada uno por separado.

Mantenimiento correctivo:
Diagnóstico de fallos en equipos

Análisis de fallos en componentes mecánicos

Del conjunto de elementos mecánicos de las máquinas de procesos hemos seleccionado aquellos componentes más expuestos a averías y que suelen estar implicados en la mayoría de los fallos de los equipos:

-Rodamientos

-Cojinetes

-Engranajes

-Acoplamientos

-Cierres mecánicos

Averías en rodamientos

Los rodamientos se encuentran entre los componentes más importantes de las máquinas.

En condiciones normales el fallo de un rodamiento sobreviene por fatiga del material, resultado de esfuerzos de cortadura que surgen cíclicamente debajo de la superficie que soporta la carga. Después de algún tiempo, estos esfuerzos causan grietas que se extienden hasta la superficie. Conforme los elementos rodantes alcanzan las grietas, provocan roturas del material (desconchado) y finalmente deja el rodamiento inservible. Sin embargo, la mayor parte de los fallos en rodamientos tienen una causa raíz distinta que provoca el fallo prematuro. Es el caso de desgaste apreciable por presencia de partículas extrañas o lubricación insuficiente, vibraciones excesivas del equipo y acanalado por paso de corriente eléctrica. La mayor parte de los fallos prematuros son debidos a defectos de montaje:

-Golpes

-Sobrecargas

-Apriete excesivo

-Falta de limpieza

-Desalineación

-Ajuste inadecuado

-Errores de forma en alojamientos

La Tabla 1 resume los distintos modos de fallo y sus causas posibles.

TABLA 1: Modos de fallo y sus posibles causas en rodamientos.

CAUSAS POSIBLES

MODOS DE FALLO

Montaje:

Categoría	Modos de fallo	FALTA DE LIMPIEZA	PRESIÓN DE MONTAJE EN ARO EQUIVOCADO	MONTAJE MUY AJUSTADO	JUEGO INTERNO EXCESIVO	MONTAJE INCLINADO SOBRE AROS	AJUSTE EN ASIENTOS FLOJOS / OVAL	ASIENTOS DESALINEADOS	GOLPES AL MONTAR
DESGASTE	POR PARTICULAS ABRASIVAS	X							
DESGASTE	DESGASTE ESPECULAR								
DESGASTE	ACANALADURAS O CAVIDADES								
INDENTACIONES	EN AMBAS PISTAS, EN ESPACIOS IGUALES A DISTANCIA ENTRE ELEMENTOS		X	X					
INDENTACIONES	EN PISTAS Y ELEMENTOS RODANTES	X							
ADHERENCIAS	EXTREMOS DE RODILLOS Y PESTAÑAS DAÑADOS								
ADHERENCIAS	PATINADO DE RODILLOS Y CAMINOS DE ROD.			X					
ADHERENCIAS	A INTERVALOS IGUALES ENTRE RODILLOS	X	X		X				
ADHERENCIAS	EN RODAMIENTOS AXIALES DE BOLAS								
ADHERENCIAS	DE SUPERFICIES EXTERNAS						X		
	FATIGA (PEQUEÑAS GRIETAS DE SUPERFICIE)								
CORROSIÓN	OXIDO PROFUNDO								
CORROSIÓN	CORROSIÓN DE CONTACTO								X
	ESTRIAS OSCURAS EN AROS Y RODILLOS								
DESCONCHADO	POR PRECARGA		X						
DESCONCHADO	POR COMPRESIÓN OVAL						X		
DESCONCHADO	POR COMPRESIÓN AXIAL		X						
DESCONCHADO	POR DESALINEACIÓN							X	
DESCONCHADO	POR INDENTACIÓN	X	X						
DESCONCHADO	POR ADHERENCIAS		X						
DESCONCHADO	POR OXIDO PROFUNDO								
DESCONCHADO	POR CORROSIÓN DE CONTACTO						X		
DESCONCHADO	CRATERES/ACANALADURAS								
GRIETAS	MALTRATO								X
GRIETAS	AJUSTE EXCESIVO		X						
GRIETAS	POR ADHERENCIAS	X	X				X		
GRIETAS	POR CORROSIÓN DE CONTACTO						X	X	

Condiciones de trabajo, sellado y lubricación:

Modos de fallo	VIBRACIONES SIN GIRAR	SOBRECARGA EN REPOSO	CARGAS AXIALES EXCESIVAS	CARGA MUY LIGERA EN RELACIÓN CON VELOCIDADES DE ROTACIÓN	PRESENCIA DE AGUA, HUMEDADES, ETC	PASO DE CORRIENTE ELÉCTRICA	SELLADO / OBTURACIÓN INEFICAZ	FALTA DE ENGRASE	LUBRICANTE INADECUADO	LUBRICANTE CONTAMINADO
POR PARTICULAS ABRASIVAS							X			X
DESGASTE ESPECULAR								X	X	
ACANALADURAS O CAVIDADES	X									
EN AMBAS PISTAS, EN ESPACIOS IGUALES A DISTANCIA ENTRE ELEMENTOS		X								
EN PISTAS Y ELEMENTOS RODANTES							X			X
EXTREMOS DE RODILLOS Y PESTAÑAS DAÑADOS		X							X	
PATINADO DE RODILLOS Y CAMINOS DE ROD.									X	
A INTERVALOS IGUALES ENTRE RODILLOS										
EN RODAMIENTOS AXIALES DE BOLAS				X						
DE SUPERFICIES EXTERNAS										
FATIGA (PEQUEÑAS GRIETAS DE SUPERFICIE)								X	X	
OXIDO PROFUNDO						X	X		X	X
CORROSIÓN DE CONTACTO										
ESTRIAS OSCURAS EN AROS Y RODILLOS						X				
POR PRECARGA										
POR COMPRESIÓN OVAL										
POR COMPRESIÓN AXIAL										
POR DESALINEACIÓN										
POR INDENTACIÓN										X
POR ADHERENCIAS										
POR OXIDO PROFUNDO						X	X		X	X
POR CORROSIÓN DE CONTACTO										
CRATERES/ACANALADURAS	X					X				
MALTRATO										
AJUSTE EXCESIVO										
POR ADHERENCIAS										
POR CORROSIÓN DE CONTACTO										

Averías en cojinetes antifricción

Los modos de fallos típicos en este tipo de elementos son:

-Desgaste

-Corrosión

-Deformación

-Rotura/separación

y las causas están relacionadas con los siguientes aspectos:

-Montaje

-Condiciones de trabajo

-Sellado

-Lubricación

La Tabla 2 indica los modos de fallos y sus causas para los cojinetes antifricción.

Fíjese la alta concentración de modos de fallos que tienen como causa un mal

montaje o un defecto de lubricación.

Tabla 2: Modos de fallos y sus posibles causas en cojinetes.

MODOS DE FALLOS

Grupo	CAUSAS	FRACTURA				DEFORMACIÓN								DESGASTE			CORROSIÓN		
		DESCONCHADO	ROTURAS	MARCADO	ROTURA DE CAJERA	DEFORMACIÓN DE CAJERA	INDENTACIONES	ABOLLADURAS	RECALCADO / FLUENCIA	PISTA ENSANCHADA	PISTA SESGADA	PISTA CARGADA DESIGUAL	CRÁTERES / ESTRIAS	DESGASTE DE CAJERA	DESGASTE ABRASIVO	RECALENTADO / QUEMADO	CORROSIÓN	CORROSIÓN DE CONTACTO	OXIDACIÓN (CAMBIO DE COLOR)
MONTAJE	EXCESIVA APLICACIÓN DE CALOR	X																	
	MARTILLAZO		X				X		X										
	HERRAMIENTA INADECUADA					X	X		X										
	HOLGURA EXCESIVA		X									X			X			X	
	CAJERA DEFORMADA	X							X		X								
	DESEQUILIBRIO DE ROTOR											X							
	DESALINEACIÓN				X	X					X	X		X					
CONDICIONES DE TRABAJO	VIBRACIÓN	X					X		X						X		X		
	PASO DE CORRIENTES ELÉCTRICAS												X				X		
	FÁTIGA	X																	
	SOBRECARGA	X	X						X							X			
	ERROR DE DISEÑO		X	X											X				
SELLADO	CONTAMINACIÓN						X	X						X	X		X		
	ENTRADA DE HUMEDAD																X		X
LUBRICACIÓN	FALTA DE LUBRICANTE			X	X									X	X	X			X
	EXCESO DE LUBRICANTE			X												X			
	LUBRICANTE INADECUADO			X					X					X	X	X			X

Averías en engranajes

En los engranajes se presentan fenómenos de rodadura y deslizamiento simultáneamente. Como consecuencia de ello, si la lubricación no es adecuada, se presentan fenómenos de desgaste muy severo que le hacen fallar en muy poco tiempo.

Los modos de fallos en estos componentes con pues desgaste, deformación, corrosión y fractura o separación.

Las causas están relacionadas con las condiciones de diseño, fabricación y operación, así como con la efectividad de la lubricación.

Los modos de fallo y sus causas, en el caso de transmisiones por engranajes, se presenta en la Tabla 3.

En este caso los modos de fallos más frecuentes son los asociados al desgaste, casi todos relacionados con un defecto de lubricación.

TABLA 3: Modos de fallo y sus posibles causas en engranajes.

MODOS DE FALLO

CAUSAS	FRACTURA						DESGASTE			CORROSIÓN	DEFORMACIÓN	
	DIENTE		FLANCO									
	SOBRECARGA	FATIGA	ROTURA	PICADURA INICIAL	PICADURA AVANZADA	DESCONCHADO	DESGASTE	RAYADO	ESCARIADO	CORROSIÓN	FLUENCIA PLÁSTICA	FLUENCIA TÉRMICA
CONDICIONES DE TRABAJO, FABRICACIÓN Y DISEÑO — PROBLEMAS DE FABRICACIÓN		X	X	X	X	X	X				X	
SOBRECARGA POR DESALINEACIÓN	X											
CICLOS DE CARGA FRECUENTES		X										
DISEÑO A FÁTIGA		X		X	X	X						
CONDICIONES DE SERVICIO (VELOCIDAD / CARGA)				X	X	X	X	X	X	X		
LUBRICACIÓN — VISCOSIDAD							X	X	X	X		
CALIDAD							X	X	X	X		
CANTIDAD							X	X	X	X		X
CONTAMINACIÓN							X	X	X	X		

Averías en acoples dentados

Aunque en los últimos años han aparecido acoplamientos no lubricados, la mayor parte de las turbomáquinas de procesos químicos y petroquímicos (compresores y turbinas) van equipados con este tipo de acoplamiento que permite una cierta desalineación.

Sin embargo, el 75% de los fallos son debidos a una lubricación inadecuada.

Los modos de fallos básicamente son desgaste, deformación y rotura.

Las causas están ligadas a problemas de diseño, montaje, condiciones de operación y lubricación inadecuada.

Los modos de fallos y sus causas aparecen en la Tabla 4.

En este caso se indica con un número el orden de prioridad de causas: 1 el caso más probable, 5 el menos probable.

Una vez más se constata una alta concentración de fallos, fundamentalmente desgastes, cuya causa más probable está asociada a un fallo de lubricación.

TABLA 4: Averías en acoplamientos dentados.

MODOS DE FALLOS

Categoría	CAUSAS	FRACTURAS / SEPARACIÓN							DESGASTE					VARIOS							
		ROTURA DE DIENTE	FRACTURA	PICADURA	DESCONCHADO	ROTURA DEL CUBO	ROTURA CHAVETERO	ROTURA BRIDA	DESGASTE ADHESIVO	RAYADO	SOLDADURA	DESGASTE EROSIVO / CORROSIÓN	ARRASTRE EN CALIENTE	DESGASTE EN EJE	FLUENCIA EN FRÍO	HUMEDAD / CONTAMINACIÓN	AFLOJAMIENTO DE PERNOS	FUGA	SOBRECALENTAMIENTO	CASQUILLO OSCILANTE	LODOS
DISEÑO / MONTAJE	AJUSTE POR CONTRACCIÓN INADECUADO					1	1														
DISEÑO / MONTAJE	REMONTAJE IRREGULAR								5	4	3				2						
DISEÑO / MONTAJE	ALTA VELOCIDAD DESLIZAMIENTO								3	5	4	3	3		3						
DISEÑO / MONTAJE	ALTA DESALINEACIÓN	1	1	1	1			2	3	4	4	3	3		3						
DISEÑO / MONTAJE	SELLADO	5	5	5					4	3	5	4	4			1		1			
DISEÑO / MONTAJE	INSUFICIENTE APRIETE PERNOS																1				
CONDICIONES DE TRABAJO	REQUERIMIENTOS DE CARGA						2	1													
CONDICIONES DE TRABAJO	VIBRACIÓN IMPUESTA POR MÁQUINA			2					2		2	2	2		1					1	
CONDICIONES DE TRABAJO	ALTA TEMPERATURA AMBIENTE									2									2		
LUBRICACIÓN	BAJA VISCOSIDAD	2	2	3					1	1	1	1	1						1		
LUBRICACIÓN	CALIDAD / FILTRACIÓN	3	3	4					1	1	1	1	1					2	1		1
LUBRICACIÓN	FACTOR DE PENETRACIÓN	4	4																		
LUBRICACIÓN	CALIDAD - PERDIDA DE ENGRASE	3	3	4					1	1	1	1	1				2		1		

Averías en cierres mecánicos

El gasto en mantenimiento de bombas, en refinerías, plantas químicas y petroquímicas, puede representar el 15% del presupuesto total del mantenimiento ordinario. De ellos, la mayor parte del gasto y del número de fallos (34,5%) se presenta en el cierre mecánico. Si tenemos en cuenta el riesgo que, tanto desde el punto de vista de la seguridad como medio-ambiental, supone este tipo de fallos, se entiende la importancia que tiene el evitarlos.

El análisis sistemático de cada avería y la toma de medidas para reducirlas debería ser una práctica habitual.

La Tabla 5 representa una síntesis de modos de fallos y sus causas ordenadas de mayor a menor probabilidad.

En este caso destaca la gran cantidad de fallos asociados a un problema de diseño como es la adecuada selección del cierre. Con mucha frecuencia no se tiene en cuenta, en la fase de ingeniería, todas las condiciones de servicio que condicionan la acertada selección del cierre, provocando una avería repetitiva con la que el personal de mantenimiento se acostumbra pronto a convivir. En estos casos es imprescindible realizar un análisis de las averías producidas para detectar la causa del fallo y cambiar el diseño seleccionado, cuando sea preciso.

TABLA 5: Averías en cierres mecánicos.

MODOS DE FALLOS

SELLO SECUNDARIO

CAUSAS	ABULTAMIENTO	EXTRUCCIÓN	COQUIZACIÓN	CORROSIÓN	SOBRECALENTAMIENTO	ENDURECIMIENTO
CONDICIONES DE SERVICIO						
TEMPERATURA			1		1	1
PRESION		1				
CORROSIVOS	1			1		
ABRASIVOS						
% SOLIDOS						
COQUIZACIÓN						
EVAPORIZACION						
ESCASA LUBRICACION					4	4
ALTA VISCOSIDAD						
SELECCION						
COMBINACION MATERIAL CARAS					4	4
COMPATIBILIDAD DE JUNTAS	1		2	1	2	2
DISEÑO DE LAVADO					3	3
DISEÑO DEL ENFRIAMIENTO						
OPERACION Y MANTENIMIENTO						
DESALINEACION EXTERNA						
DESALINEACION INTERNA						
VIBRACION AXIAL						
VIBRACION RADIAL						
PROCEDIMIENTO DE MONTAJE		2				
EXCENTRICIDAD						
PERDIDA DEL LAVADO					3	3
CHOQUE TERMICO						
FRECUENTES PARADA / ARRANQUE						
CAVITACIÓN DE BOMBA						

CARAS

CAUSAS	GRIETAS EN CARA DURA	ROTURA	CORROSIÓN	DESGASTE IRREGULAR	ARRASTRES	PICADURA EN CARBON	ACANALADURA EN CARA DURA	EROSIÓN DEL CARBON	CUARTEADO POR CALOR
TEMPERATURA									1
PRESION					3	3			
CORROSIVOS			1						
ABRASIVOS				4			2		
% SOLIDOS									
COQUIZACIÓN					2	2	1		
EVAPORIZACION					3	3			
ESCASA LUBRICACION									
ALTA VISCOSIDAD					1	1			
COMBINACION MATERIAL CARAS			1		1	1	1		1
COMPATIBILIDAD DE JUNTAS									
DISEÑO DE LAVADO	1				3		2	1	2
DISEÑO DEL ENFRIAMIENTO					2	4	3		
DESALINEACION EXTERNA				2					
DESALINEACION INTERNA				1					
VIBRACION AXIAL									
VIBRACION RADIAL									
PROCEDIMIENTO DE MONTAJE	2	1		3					
EXCENTRICIDAD									
PERDIDA DEL LAVADO	3	4							
CHOQUE TERMICO	2								
FRECUENTES PARADA / ARRANQUE						5			
CAVITACIÓN DE BOMBA									

FUELLE

CAUSAS	ROTURA	CORROSION	DUREZA	COQUIZACIÓN	OBSTRUCCION EN D. INT.
TEMPERATURA				1	
PRESION					
CORROSIVOS	1	1			
ABRASIVOS					
% SOLIDOS					1
COQUIZACIÓN				1	2
EVAPORIZACION					
ESCASA LUBRICACION	2				
ALTA VISCOSIDAD					
COMBINACION MATERIAL CARAS				1	
COMPATIBILIDAD DE JUNTAS					
DISEÑO DE LAVADO	2				
DISEÑO DEL ENFRIAMIENTO				2	3
DESALINEACION EXTERNA					
DESALINEACION INTERNA					
VIBRACION AXIAL				1	
VIBRACION RADIAL					
PROCEDIMIENTO DE MONTAJE	4				
EXCENTRICIDAD					
PERDIDA DEL LAVADO					
CHOQUE TERMICO					
FRECUENTES PARADA / ARRANQUE	3				
CAVITACIÓN DE BOMBA					

OTRAS PARTES

CAUSAS	ROTURA DE RESORTES	CORROSIÓN	DESGASTE DEL ARRASTRE	DESGASTE DEL CASQUILLO	OBSTRUCCION DE RESORTES	OBSTRUCCION RETENEDOR	APRIETO / FRICCION EN D. INT
TEMPERATURA							4
PRESION							
CORROSIVOS	1	1					
ABRASIVOS							
% SOLIDOS				2	1	1	
COQUIZACIÓN							
EVAPORIZACION							
ESCASA LUBRICACION			2				
ALTA VISCOSIDAD							
COMBINACION MATERIAL CARAS			2				
COMPATIBILIDAD DE JUNTAS							
DISEÑO DE LAVADO							
DISEÑO DEL ENFRIAMIENTO							
DESALINEACION EXTERNA							
DESALINEACION INTERNA				1	1		1
VIBRACION AXIAL			2				
VIBRACION RADIAL							2
PROCEDIMIENTO DE MONTAJE			3				5
EXCENTRICIDAD							3
PERDIDA DEL LAVADO							
CHOQUE TERMICO							
FRECUENTES PARADA / ARRANQUE							
CAVITACIÓN DE BOMBA		4					

(Columna de CAUSAS agrupada bajo: SELECCIÓN DEL CIERRE — CONDICIONES DE SERVICIO y SELECCION — y OPERACION Y MANTENIMIENTO.)

Análisis de averías en máquinas de procesos

De forma genérica los síntomas que alertan de una posible avería son similares en los distintos tipos de máquinas de procesos:

SÍNTOMAS	MÁQUINAS DE PROCESOS								
	COMPRESORES	SOPLANTES	VENTILADORES	BOMBAS	TURBINAS	MOTOR ELECTRICO	MOTOR TERMICO	REDUCTORES	SISTEMA LUBRIC.
CAMBIO EN EFICIENCIA	•			•	•				
NO IMPULSA				•					•
INSUFICIENTE CAPACIDAD	•	•	•	•	•		•		•
PRESIÓN ANORMAL	•	•	•	•					•
CONSUMO EXCESIVO ENERGÍA	•	•	•	•		•			
FUGAS	•	•		•	•			•	•
RUIDOS ANORMALES	•	•	•	•	•	•	•	•	
SOBRECALENTAMIENTO	•	•		•	•	•	•	•	
GOLPETEO	•			•			•		
TEMPERATURA DE DESCARGA ALTA	•	•					•		
FALLA AL ARRANQUE	•	•	•	•	•	•	•		•
FALLA AL DISPARO					•	•	•		
FALTA DE POTENCIA					•	•	•		
CONSUMO EXCESIVO VAPOR/COMBUSTIBLE					•		•		
FALLO AUTOMATISMOS CONTROL/SEGURIDAD	•	•	•	•	•	•	•	•	•
VELOCIDAD ANORMAL					•	•	•		
VIBRACIONES ALTAS	•	•	•	•	•	•	•	•	

El diagnóstico de averías no se debe limitar a los casos en que el equipo ha fallado, por el contrario, los mayores esfuerzos de deben dedicar al diagnóstico antes de que el fallo se presente. Es lo que hemos definido como mantenimiento predictivo. Recordemos que se fundamenta en que el 99% de los fallos de maquinaria son precedidos por algún síntoma de alarma antes de que el fallo total se presente.

Dependiendo de la forma de la curva P-F (ver capítulo 12), para el fallo en cuestión, tendremos más o menos tiempo para analizar los síntomas y decidir el plan de acción. En cualquier caso, debemos aplicar una metodología o procedimiento sistemático:

1. Señales o síntomas de observación directa:

-Sobrecalentamiento

-Vibración

-Ruido

-Alta temperatura en cojinetes

-Fugas, humo, etc.

2. Síntomas de observación indirecta:

-Cambios en algún parámetro

-Presión

-Temperatura

-Caudal

-Posición

-Velocidad

-Vibración

-Cambios en las prestaciones

-Relación de compresión

-Relación de temperaturas

-Demanda de potencia

-Rendimientos

3. Listado de posibles causas o hipótesis.

4. Analizar la relación entre síntomas y causas.

5. Aplicar, si es posible, el orden de probabilidad en la relación síntoma/causa para diagnosticar el fallo.

6. Indicar la solución o acción a tomar.

En las secciones siguientes se indican, en forma matricial para cada tipo de equipo, los síntomas, sus posibles causas y remedios.

Averías en bombas centrífugas

Estadística de fallos típicos:

-Causa de fallos. Distribución (%)

-Cierre Mecánico 34,5

-Cojinetes 20,2

-Vibraciones 2,7

-Fuga por empaquetadura/cierre 16,3

-Problemas en eje/acoplamiento 10,5

-Fallo líneas auxiliares 4,8

-Fijación 4,3

-Bajas prestaciones 2,5

-Otras causas 4,2

100,0

Sólo los fallos en cierre mecánico y cojinetes representan más del 50% de las causas de fallo.

Mantenimiento correctivo

Mecanismos de desgaste y técnicas de protección

Mecanismos y modos de desgaste

Sorprende descubrir que aproximadamente el 70% de las causas de fallo en máquinas es debido a la degradación superficial de sus componentes, fenómeno habitualmente conocido como desgaste.

El desgaste es una pérdida progresiva de material, resultante de la interacción mecánica (fricción) de dos superficies en movimiento relativo.

Una máquina no puede operarse en condiciones de fricción seca, pues, aunque los acabados superficiales fuesen inmejorables, la degradación superficial sería tan rápida y severa que prácticamente no llegaría a funcionar.

La introducción del lubricante reduce sustancialmente el coeficiente de fricción, mejorando la situación de degradación de las superficies que aparece en la fricción seca, pero no supone la desaparición total del desgaste.

Se pueden distinguir los siguientes mecanismos de desgaste:

-Adhesión

-Abrasión

-Erosión

-Fatiga

-Corrosión

-Cavitación

-Ludimiento o desgaste por vibración.

Los mecanismos de desgaste son el origen del mismo. Las consecuencias o efectos que estos mecanismos producen sobre las superficies son los modos de desgaste:

-Desgaste normal

-Desgaste severo

-Picadura (Pitting)

-Gripado (Scuffing)

-Rayado en distintos grados (Scoring, Gouging)

-En el desgaste adhesivo la adhesión de las dos superficies en contacto es superior a la que hay entre las capas superficiales del propio material. Se produce así un progresivo arranque de material:

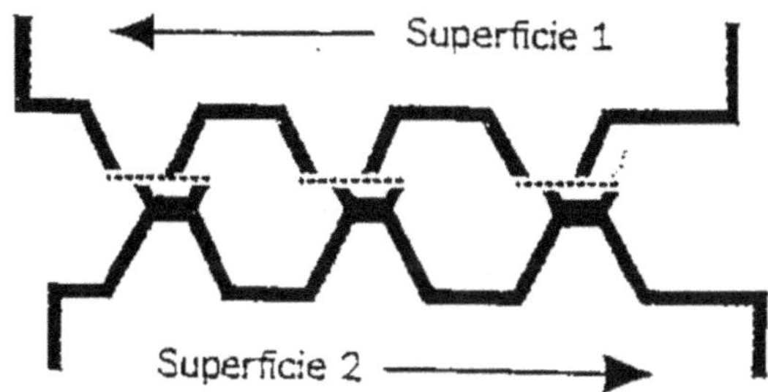

-En el desgaste abrasivo, partículas extraduras presentes entre las dos superficies en contacto abren surcos y arrancan material de una o de las dos superficies.

-El desgaste erosivo es causado por corriente de líquido a alta velocidad conteniendo partículas abrasivas.

-La fatiga superficial es el resultado de elevadas tensiones de compresión en los puntos o líneas de contacto. Estas tensiones elevadas y repetitivas en las mismas áreas producen fisuras superficiales que eventualmente se propagan originando partículas que se desprenden de la superficie.

-La corrosión está presente siempre que hay un ataque de la superficie metálica, pérdida de metal, ya sea por oxidación o ataque químico.

-La cavitación ocurre en líquidos fuertemente agitados en los que la turbulencia e implosión de burbujas causa pérdidas de la película de metal superficial.

-El Fretting, desgaste por vibración o ludimiento, es una degradación superficial ocasionada por un mecanismo corrosivo asociado a una vibración.

Los efectos o modos de desgaste son muy variados:

-Desgaste normal por rozamiento o desgaste de rodaje.

Está siempre presente en las superficies en movimiento aún en presencia de lubricante.

Produce, si es suficientemente suave, un efecto de pulido durante el rodaje, que no es perjudicial.

-Desgaste severo cuando se superan los límites de carga y velocidad para los que componentes y lubricante fueron diseñados y seleccionado respectivamente.

-Picadura, originada por mecanismos de fatiga o corrosión.

-Gripado, soldadura momentánea ocasionada por un mecanismo de tipo adhesivo.

-El Scoring y el Gouging son distintos grados de rayadura de las superficies ocasionados normalmente por desgaste de tipo abrasivo o adhesivo sin llegar al gripado.

Técnicas de tratamiento superficial

Existe una variada gama de tratamientos superficiales para aumentar la dureza, reducir la fricción y el desgaste. Algunos son comúnmente aplicados por los fabricantes de las piezas originales:

Tratamientos Térmicos (Temple, Revenido).

Tratamientos termo-químicos (cementación, nitruración).

Recargues por soldadura de metal duro (estelita).

Otros son aplicados por decisión del usuario con objeto de aumentar la vida y reducir los cambios de piezas sujetas a un desgaste severo. En estos casos se impone hacer un análisis económico para justificar la decisión: por una parte, se trata de procesos muy especiales y por tanto caros de aplicar, aunque por otra parte se consiguen mejoras sustanciales en el comportamiento de las piezas, si el tratamiento es el adecuado. No obstante, ello los tratamientos avanzados no pueden competir en precio con los tratamientos tradicionales por lo que deben reservarse a los casos en que el costo de sustitución es muy elevado o la pieza es de alta responsabilidad y se pretende conseguir mejoras no alcanzables por medios tradicionales.

En este capítulo distinguiremos las siguientes técnicas:

-Procesos convencionales de Recargue de Materiales:

- Proceso Oxi-acetilénico.
- Soldadura eléctrica manual.
- Procesos TIG.
- Arco Sumergido.
- Soldadura con polvo.

-Procedimientos especiales de aportación:

- Thermo-spray.
- Plasma transferido.
- Plasma-spray.
- Cañón de detonación.

-y los Procesos Avanzados:

- Implantación iónica.
- Recubrimientos PVD.
- Recubrimientos CVD.

Describiremos los más novedosos, sus aplicaciones y limitaciones.

Recargue de materiales

El recargue supone unir un metal sobre otro ya existente para alcanzar algunos de los siguientes objetivos:

a) Para aportar el material desaparecido por desgaste de una pieza. En este caso puede recargarse con el mismo material original de la pieza.

b) Para darle mejores propiedades mecánicas que el material base, cuando se desea aumentar la resistencia a la corrosión, abrasión y dureza.

En el recargue se denomina línea de anclaje a la que delimita la separación entre el material base y el material recargado.

El grado de adherencia de esta línea de anclaje define la calidad del trabajo realizado.

Para lograr una buena adherencia en la línea de anclaje es necesario lograr una cierta dilución entre el material aportado y el material base. La dilución alcanzada depende del procedimiento de recargue y varía desde valores máximos en la soldadura eléctrica hasta valores prácticamente nulos en el recargue por cañón de detonación.

Otros aspectos importantes a considerar en el recargue son:

- El espesor de la capa a recargar.

- La dilución, antes comentada.

- La distorsión provocada en la pieza.

Los cuales nos orientará sobre el procedimiento más adecuado en cada caso.

-Proceso oxiacetilénico:

Para el recargue se utilizan varillas de aleaciones de Estellite (base cobalto). No presenta dificultades de dilución con el metal base. Se aplica fundamentalmente para casquillos de bombas y piezas de válvulas.

-Soldadura eléctrica manual:

Se utilizan electrodos de diversas calidades. Debido a la penetración del arco eléctrico, se produce una fuerte dilución con el material base, por lo que tiene escasa aplicación (sólo para reparaciones in situ).

-Proceso TIG:

En la soldadura con arco en atmósfera de argón (TIG) se utilizan varillas, igual que para el proceso oxiacetilénico. Al hacerse en atmósfera inerte se consigue un buen anclaje y la dilución no es excesiva.

-Arco sumergido:

Es un procedimiento adecuado para recargue de grandes superficies y varias pasadas de cordones de soldadura; su costo es elevado. Es normal la aparición de poros sobre la superficie y la dilución con el material base es muy fuerte.

-Soldadura con Polvo:

Se aplican con pistola oxiacetilénica. Los polvos son especiales para baja temperatura. Se aplican en los moldes utilizados en la industria del cristal.

Procedimientos especiales de aportación

Thermo spray

Se aportan polvos que son fundidos y proyectados sobre la pieza, previamente calentada de manera uniforme. Para ello se utiliza una pistola que controla el caudal de oxígeno y acetileno, así como la presión. El polvo se encuentra en un depósito desde el que se envía a la pistola automáticamente. El enfriamiento se hace con control de temperatura en horno eléctrico. Se utilizan aleaciones base cobalto y base níquel, para dar resistencia química y/o al desgaste. No se produce dilución entre el material base y el aportado. El espesor máximo de recargue no debe sobrepasar 2,4 mm para evitar la formación de grietas. La distorsión que produce es pequeña pues, aunque el calor es alto sin embargo es uniforme.

Se aplica fundamentalmente en camisas de bombas, casquillos, aros de roce de rodetes y carcasas y, en general, en piezas de la industria petroquímica para aumentar la resistencia a la corrosión.

Plasma transferido

El recargue por plasma arco transferido (PTA) es una combinación de la soldadura eléctrica y oxiacetilénica donde se obtiene energía térmica a partir de energía eléctrica, con un alto rendimiento. En la figura se pueden observar los elementos que intervienen: Un gas inerte pasa a través de (5) hasta (1) donde se ioniza al estar alimentado el electrodo (4) por un generador de alta frecuencia, obteniéndose el gas en estado de plasma, mucho mejor conductor, lo que hace posible alcanzar puntualmente muy altas temperaturas. El material de recargue en polvo se inyecta por (3) en la zona del arco piloto fundiéndose sobre la superficie de la pieza y creando un baño de soldadura. Al mismo tiempo, durante el proceso de recargue se dispone de una capa gaseosa de protección que pasa a través de la zona (6).

Se consigue un recargue totalmente exento de porosidad, baja dilución con el material base (4% para la primera pasada), dureza y demás características constantes debido a la baja dilución y automatización del proceso. En definitiva, un recargue de alta calidad que permite tratar grandes superficies, con espesores de material de 6 a 8 mm y baja distorsión, debido al calor no excesivo. Se utilizan aleaciones base níquel, cobalto, inconel, hastelloy, etc.

Se utiliza fundamentalmente para recargue de piezas en industrias químicas, petroquímica y nuclear.

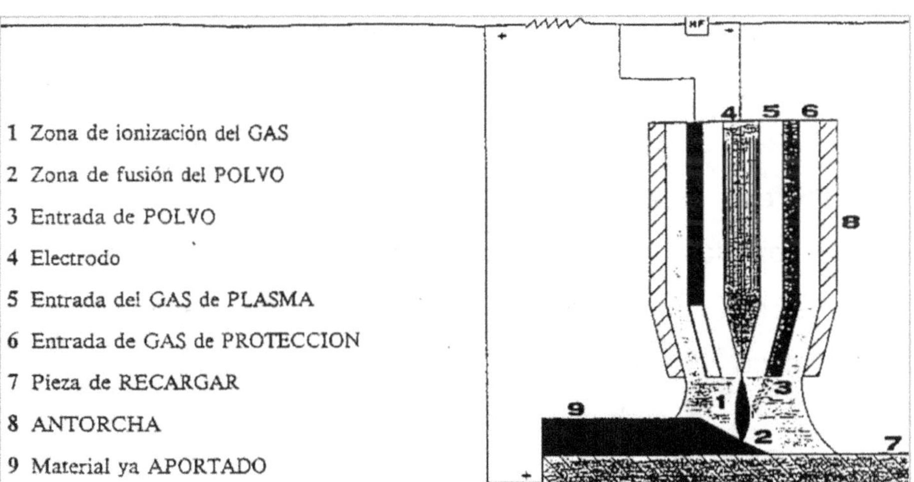

Plasma spray

En este caso el plasma se produce en la propia boquilla de proyección. El gas de ionización se inyecta por (3), ionizándose al pasar por el electrodo (1).

obteniéndose temperaturas entre 9.000 y 20.000 ºC con una velocidad de entre 400 y 820 m/s.

El dosificador de polvo utiliza gas inerte a alta presión para enviar el polvo por (5) a la zona de máxima temperatura donde se funde instantáneamente y es proyectado a gran velocidad sobre la pieza a recargar.

Esta se mantiene entre 100 y 150º durante el proceso, por lo que se obtiene un recargue en frío, de muy alta calidad.

Se consiguen altas densidades y compactación debido a la velocidad de proyección, con lo cual la porosidad es muy baja (2%).

Utilizando polvos muy finos es posible evitar el posterior rectificado en algunos casos.

Se pueden proyectar materiales de muy alto punto de fusión como cerámicas (óxido de circonio, alúmina, bióxido de titanio, óxido de cromo), carburo de Tungsteno, carburo de titanio y de cromo.

Se pueden dar espesores de hasta 0,5 mm y la dilución es nula al hacerse a baja temperatura, al mismo tiempo que no se produce distorsión sobre la pieza. Adherencia: 40 Pa.

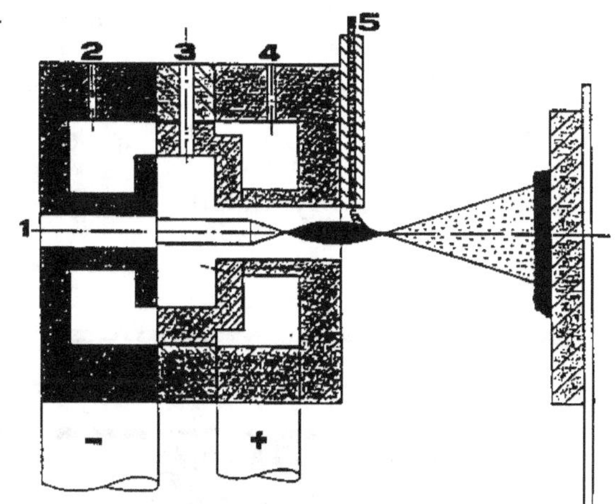

1 Electrodo

2 Refrigeración agua

3 Gas de ionización

4 Refrigeración agua

5 Polvo de recargue

Cañón de detonación

El polvo entra en la cámara de combustión por (1). Dentro de la cámara se forma una mezcla explosiva de acetileno, oxígeno y nitrógeno. La detonación se produce al saltar una chispa dentro de la cámara de combustión por la bujía (5). El polvo junto con la mezcla explosiva es lanzado a gran velocidad (1.400 m/s) y temperatura de llama muy fría (2800°C), por el tubo del cañón al exterior, sobre la pieza que se mantiene a baja temperatura. La aportación resulta ser de gran calidad: muy baja porosidad (<1%), sin distorsión y aplicable sobre piezas terminadas. Adherencia: 80 Pa. Tiene las mismas aplicaciones que el plasma-spray y utiliza los mismos polvos de recargue.

La figura 4 representa un esquema típico de la máquina de Proyección.

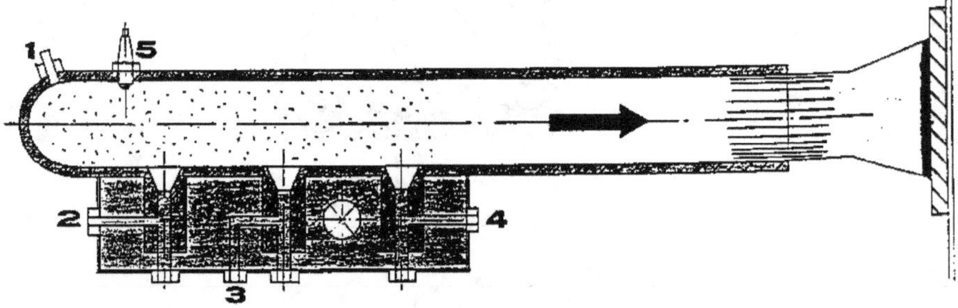

1 Entrada de Polvo

2 Nitrógeno gas

3 Acetileno gas

4 Oxígeno gas

Procedimientos avanzados

Implantación iónica

Es el avance más importante de la Ingeniería de Superficies en la última década.

Consiste en el bombardeo, en vacío, de la superficie a tratar, por un haz de iones acelerados que penetran en el material entre 500 y 1000 capas atómicas, modificando su estructura y composición química. Por ejemplo, los iones de nitrógeno acelerados con 100.000 V se mueven en el vacío a 1.170 Km/s y al chocar contra el acero se incrusta alcanzando profundidades de hasta 0,2 micras.

Las superficies implantadas se endurecen como consecuencia de la formación de finos precipitados (nitruros, etc.). También las dosis elevadas de estos elementos crean esfuerzos comprensivos importantes que contribuyen al bloqueo de microgrietas. Otros efectos dependen del material implantado. Por ejemplo, el Titanio en combinación con el carbono reduce drásticamente el coeficiente de fricción. El cromo consigue capas de óxido de cromo que protegen contra la corrosión y desgaste.

Los problemas típicos que resuelve la implantación iónica son el desgaste adhesivo, desgaste abrasivo no muy severo, fricción y determinados casos de corrosión u oxidación. Se aplica de forma rentable en los siguientes campos:

- Protección de moldes de inyección de plásticos (aumento de 5 veces la vida media).

- Aplicaciones antidesgaste y corrosión en rodamientos especiales (turbinas, etc.)

- Toberas de inyección de fuel en quemadores.

- Matrices de extracción y estirado de plásticos y metales.

- Aplicaciones antidesgaste en herramientas de corte.

- Mejoras antidesgaste en implantes médicos (prótesis de cadera y rodilla).

- Mejoras de coeficiente de fricción en cigüeñales, pistones, etc.

Las ventajas que aporta se pueden resumir en:

- Aumentos de vida útil de hasta cinco o diez veces, según aplicación.

- No produce cambio alguno de dimensiones (no es un recubrimiento).

- No produce cambio en el acabado superficial (respeta textura original).

- Se aplica a baja temperatura (por debajo de 150ºC).

- Se puede aplicar sobre otros tratamientos (nitruración, cromoduro, etc.)

- Es extremadamente controlable y, por tanto, repetible.

- Se puede limitar selectivamente a las partes de las piezas deseadas.

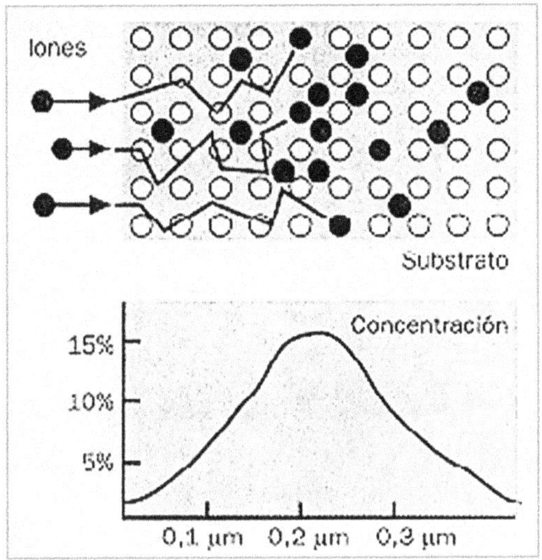

Recubrimientos por PVD

Con este nombre (Physical Vapour Deposition, esto es, Deposición Física de Vapor) se conocen un amplio conjunto de técnicas que tienen en común el empleo de medios físicos para obtener el material de recubrimiento en fase vapor. Se realizan en cámaras de alto vacío (10-6 mbar), temperaturas de hasta 400ºC y se obtienen capas finas (10 micras) o muy finas (< 1 micra).

Las técnicas de PVD más empleadas son:

1) Técnicas de evaporación

2) Técnicas de pulverización

Las primeras se caracterizan por la evaporación del material, normalmente un metal, por calentamiento muy intenso o por bombardeo de un haz de electrones:

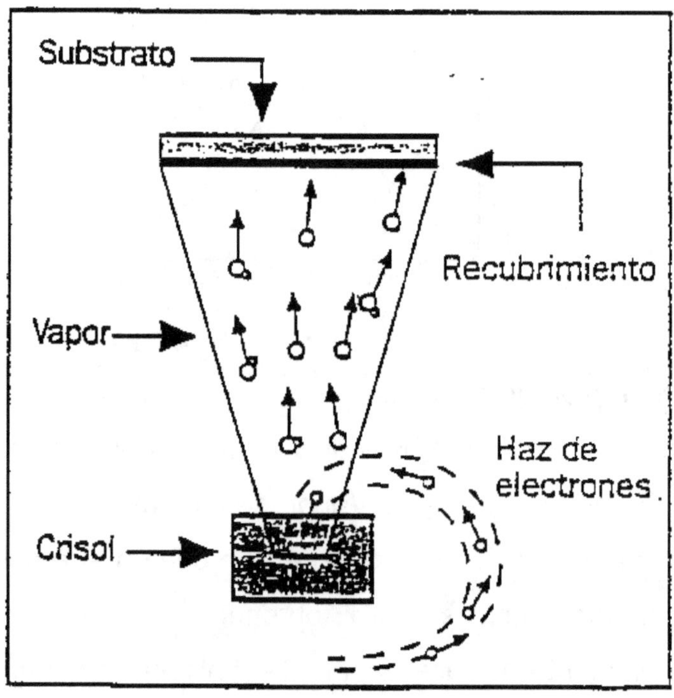

De esta forma se funde el metal que, al estar en alto vacío, se evapora parcialmente. Los átomos evaporados emergen concentrados sobre la superficie a recubrir situada en la dirección del cono de proyección.

El segundo grupo de técnicas de PVD lo constituyen los procesos de pulverización (Sputtering). A diferencia de los anteriores, los átomos que constituyen el recubrimiento se obtienen bombardeando unos blancos (metálicos o cerámicos) con iones de gas inerte (argón) a baja energía (500-1000 eV) no necesitando altas temperaturas.

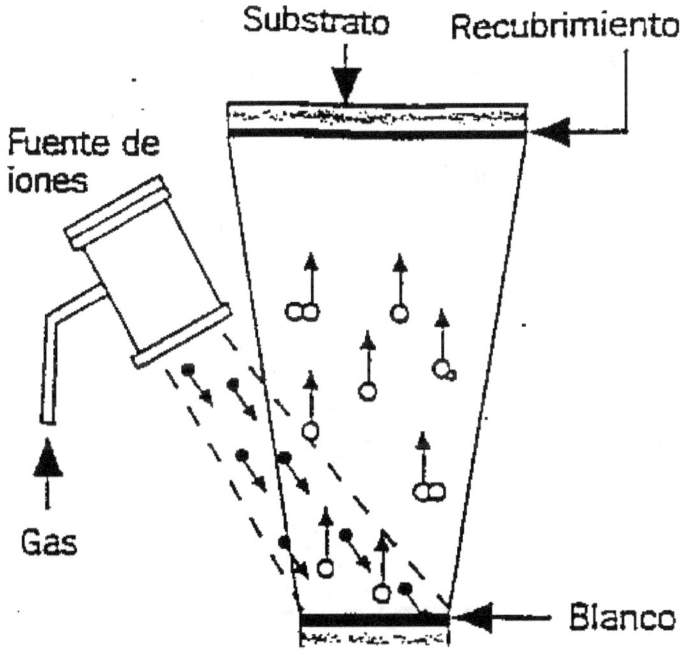

Los recubrimientos por PVD más extendidos son los de Nitruro de Titanio aplicados en útiles que sufren desgaste abrasivo severo, como son herramientas de corte, moldes de inyección, etc.

Recubrimientos por CVD

Los recubrimientos por CVD (Chemical Vapour Deposition, o sea, Deposición Química del Vapor) son un conjunto de técnicas que tienen en común el empleo de medios químicos para obtener recubrimientos a partir de compuestos precursores en fase vapor. Se realizan en cámaras de vacío medio o bajo (>10-3 mbar) o incluso presión atmosférica. Requieren temperaturas altas (400-1000ºC) y se obtienen capas de 10 micras a 0,1 mm.

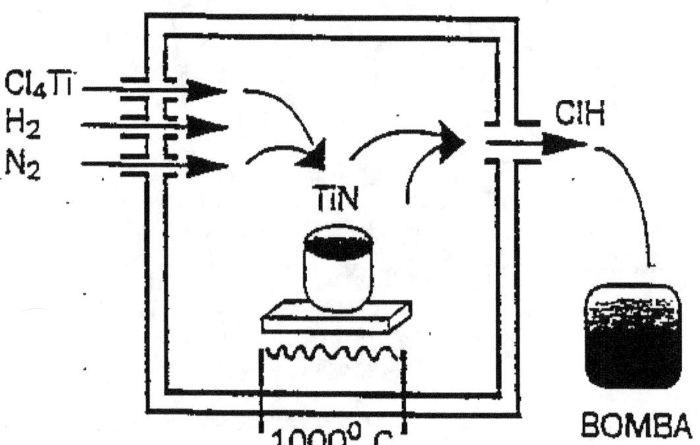

En la figura se representa un ejemplo de deposición de Ti, introduciendo en el reactor Cl_4Ti y H_2. La superficie a recubrir tiene que estar a una temperatura suficiente para que se produzca la reacción:

$$Cl_4Ti + 2\,H_2 \Rightarrow 4CLH + Ti$$

El CLH producido debe ser extraído del reactor para que no se detenga la reacción. Se inducen procesos de reacción muy activos que sueldan el recubrimiento al sustrato, incrementándose su adherencia. Requieren un rectificado posterior. Se adaptan con gran perfección a las formas y aristas de la superficie a recubrir. Su principal desventaja, además de la complejidad de los procesos, son las altas temperaturas necesarias. Se usa para recargue tanto de metales como cerámicas en los campos de la microelectrónica y herramientas. Actualmente se está aplicando más el plasma CVD. A diferencia del CVD térmico, en el plasma-CVD se sustituyen las elevadas temperaturas por descargas eléctricas con el mismo fin de facilitar la reacción, rompiendo las moléculas de los gases.

Selección de tratamientos

Como resumen de lo expuesto hasta aquí, vamos a tratar de recopilar las características, ventajas e inconvenientes de los distintos métodos. La decisión del tratamiento a aplicar debe contemplar todos los aspectos técnicos: temperatura de aplicación, necesidad de tratamientos previos o posteriores, cambios en dimensiones o en acabado superficial, en definitiva, las dificultades de aplicación y los riesgos de las mismas. También es importante el aspecto económico ya apuntado antes en la introducción. En este sentido, la rentabilidad económica debe contemplar aspectos que, en la práctica, se suelen olvidar:

a) El gasto en herramientas, que suele ser un costo asumido por muchas empresas como inevitable.

b) Los tratamientos avanzados suelen ser más costosos que los tradicionales pero sus ventajas son también superiores.

c) Es imprescindible establecer un seguimiento tanto técnico como económico sistemáticos, que contemple todos los aspectos involucrados. En la tabla 1 se presenta las características y propiedades de la estelita utilizada para recargues duros. En la tabla 2 se presenta un resumen de las características de los procedimientos de recargue estudiados. En la tabla 3 se presentan las ventajas, inconvenientes y aplicabilidad de los procedimientos avanzados.

TABLA 1: Propiedades de la estelita

ALEACION DE ESTELITA GRADO 1

Composición Química:

Carbono	Manganeso	Silicio	Cromo	Wolframio	Hierro	Cobalto
1,7-2,2 %	0,5 máx.	0,8-1,5 %	23-26 %	11-13 %	2 % máx.	Resto

Dureza: 50-56 Rc.

Propiedades físicas:

Resistencia a la CORROSION	Resistencia a la ABRASION	Resistencia al IMPACTO	Resistencia a la TEMPERATURA
Excelente	Muy buena	Media	Excelente

ALEACION ESTELITA GRADO 6

Composición Química:

Carbono	Manganeso	Silicio	Cromo	Wolframio	Hierro	Cobalto
0,9-1,6 %	0,5 máx.	0,8-1,5 %	26-29 %	4-6 %	2 % máx.	Resto

Dureza: 40-49 Rc.

Propiedades físicas:

Resistencia a la CORROSION	Resistencia a la ABRASION	Resistencia al IMPACTO	Resistencia a la TEMPERATURA
Excelente	Buena	Muy buena	Excelente

TABLA 2: Características de los procedimientos de recargue

PROCESO	ESPESOR DEL RECARGUE(m/m)	DILUCIÓN	CALOR SOBRE LA PIEZA	DISTORSIÓN DE LA PIEZA
OXI-ACETILÉNICO	1,6-4,8	Hasta 5%	Alto y local	Alto
ELÉCTRICA MANUAL	6,6	10-25%	Alto y local	Alto
PROCESO TIG	1,6-4,8	Hasta 10%	Medio	Medio
ARCO SUMERGIDO	6,6	15-35%	Bajo	Bajo
SOLDADURA CON POLVO	1,6-4,8	Hasta 5%	Alto y local	Alto
THERMO-SPRAY	0,8-2,4	Ninguna	Alto uniforme	Bajo
PLASMA TRANSFERIDO	Hasta 8	Hasta 4%	Medio	Medio
PLASMA-SPRAY	Hasta 0,5	Ninguna	Muy bajo	Ninguna
CAÑON DE DETONACIÓN	Hasta 0,3	Ninguna	Muy bajo	Ninguna

Análisis de averías

Introducción

Los métodos usados para fijar la política de mantenimiento son insuficientes, por sí mismos, para asegurar la mejora continua en mantenimiento. Será la experiencia quién nos mostrará desviaciones respecto a los resultados previstos. Por tal motivo se impone establecer una estrategia que, además de corregir las citadas desviaciones, asegure que todos los involucrados en el proceso de mantenimiento se impliquen en la mejora continua del mismo. Desde este punto de vista el análisis de averías se podría definir como el conjunto de actividades de investigación que, aplicadas sistemáticamente, trata de identificar las causas de las averías y establecer un plan que permita su eliminación. Se trata, por tanto, de no conformarse con devolver a los equipos a su estado de buen funcionamiento tras la avería, sino de identificar la causa raíz para evitar, si es posible, su repetición. Si ello no es posible se tratará de disminuir la frecuencia de la citada avería o la detección precoz de la misma de manera que las consecuencias sean tolerables o simplemente podamos mantenerla controlada. El fin último sería mejorar la fiabilidad, aumentar la disponibilidad y reducir los costos. El análisis sistemático de las averías se ha mostrado como una de las metodologías más eficaces para mejorar los resultados del mantenimiento.

Justificación

Además de las razones generales que justifican la búsqueda de la mejora continua en cualquier proceso, en el caso particular del proceso de mantenimiento son varias las razones específicas que se suelen presentar y que justifican sobradamente ésta práctica como objetivo prioritario:

a) Evitar la tendencia a convivir con los problemas.

b) Evitar la tendencia a simplificar los problemas.

c) Evitar la tendencia a centrarse en el problema del día.

Tendencia a convivir con los problemas

Los pequeños problemas suelen tener el efecto de que el que los sufre termina conviviendo con ellos y considerándolos como una situación normal.

Para evitar caer en esta rutina se precisa establecer claramente qué situación vamos a admitir como normal y cual como inadmisible. De esta forma se desencadenarán en automático las acciones necesarias para analizar y eliminar las situaciones inadmisibles.

El análisis de averías requiere, en este sentido, establecer los criterios de máximo riesgo admitido.

Tendencias a simplificar los problemas

Con frecuencia superior a lo deseable, los problemas suelen ser múltiples e interrelacionados. En tales circunstancias se impone un análisis para poder separar los distintos elementos del problema, para asignar prioridades y, en definitiva, establecer un plan de acción para evitarlos. Con demasiada frecuencia la escasez de recursos o la simple falta de método, lleva a simplificar el análisis y nos induce a tomar medidas de nula o escasa efectividad. Este es el caso que se presenta cuando detenemos el análisis en la causa física (ejemplo: fallo de cojinetes por desalineación) y no profundizamos hasta llegar a la causa latente (que podría ser: falta de formación o de supervisión) que nos permitiría eliminar no solamente este caso sino otros concatenados con la misma causa. El análisis de averías permite en este sentido, aprovechar excelentes oportunidades de mejoras de todo tipo.

Tendencia a centrarse en el problema del día

La presión del día a día nos hace olvidar rápidamente el pasado, lo que impide hacer un seguimiento de la efectividad de las medidas aplicadas. Hasta que el problema vuelve a aparecer, convirtiéndose en un círculo vicioso, que nos lleva a convivir con el problema. El análisis de averías, en este sentido, ayuda a implantar un estilo o cultura de mantenimiento basado en la prevención.

Fallos y averías de los sistemas

Antes de proceder al análisis de averías hay que delimitar el alcance del mismo. Esto se consigue definiendo los límites del sistema. El sistema es un conjunto de elementos discretos, denominados generalmente componentes, interconectados o en interacción, cuya misión es realizar una o varias funciones, en unas condiciones predeterminadas. El análisis de averías debe contemplar una fase en que se defina el sistema, sus funciones y las condiciones de funcionamiento. El fallo de un sistema se define como la pérdida de aptitud para cumplir una determinada función. En este sentido podemos clasificar los fallos atendiendo a distintos criterios:

Según se manifiesta el fallo:

-Evidente.

-Progresivo.

-Súbito.

-Oculto.

Según su magnitud:

-Parcial.

-Total.

Según su manifestación y magnitud:

-Cataléptico: Súbito y Total.

-Por degradación: Progresivo y Parcial.

Según el momento de aparición:

-Infantil o precoz.

-Aleatorio o de tasa de fallos constante.

-De desgaste o envejecimiento.

Según sus efectos:

-Menor.

-Significativo.

-Crítico.

-Catastrófico.

Según sus causas:

-Primario: la causa directa está en el propio sistema.

-Secundario: la causa directa está en otro sistema.

-Múltiple: Fallo de un sistema tras el fallo de su dispositivo de protección.

El Modo de fallo es el efecto observable por el que se constata el fallo del sistema. A cada fallo se le asocian diversos modos de fallo y cada modo de fallo se genera como consecuencia de una o varias causas de fallo; de manera que un modo de fallo representa el efecto por el que se manifiesta la causa de fallo. La Avería es el estado del sistema tras la aparición del fallo:

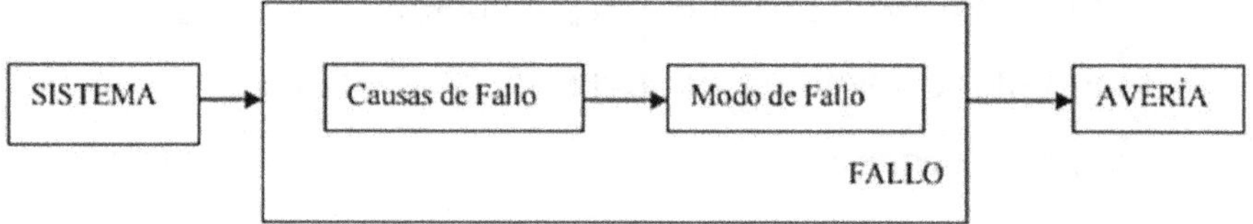

Método de análisis de averías

La metodología para análisis y solución de problemas, en general, es muy variada y suele ser adoptada y adaptada por cada empresa en función de sus peculiaridades.

Haciendo un análisis comparativo de las más habituales, se puede decir que hay dos aspectos fundamentales en los que coinciden:

El recorrido del proceso
El análisis debe centrarse primero en el Problema, segundo en la Causa y tercero en la Solución.

La metodología a utilizar
Las condiciones que debe reunir para garantizar su eficacia son:
• Estar bien estructurada, de forma que se desarrolle según un orden lógico.
• Ser rígida, de manera que no dé opción a pasar por alto ninguna etapa fundamental.
• Ser completa, es decir, que cada etapa sea imprescindible por sí misma y como punto de partida para la siguiente.

Teniendo en cuenta estos aspectos fundamentales (4.1 y 4.2) y las condiciones indicadas anteriormente (2.1, 2.2, 2.3) proponemos un Método Sistemático de Análisis de Averías, estructurado en cuatro fases y diez etapas o pasos:

Fase A: Concretar el Problema

    1. Seleccionar el Sistema.

    2. Identificar el Problema.

    3. Cuantificar el Problema.

Fase B: Determinar las Causas

    4. Enumerar las Causas.

    5. Clasificar y Jerarquizar las Causas.

    6. Cuantificar las Causas.

    7. Seleccionar una Causa.

Fase C: Elaborar la solución

    8. Proponer y Cuantificar Soluciones.

    9. Seleccionar y Elaborar una Solución.

    Fase D: Presentar la Propuesta

    10. Formular y Presentar una Propuesta de Solución.

FASE A: Concretar el problema

1. Seleccionar el sistema.

Se trata de concretar los límites o alcance del sistema (instalación, máquina o dispositivo objeto del análisis). Se persigue con ello evitar dos errores frecuentes:

a) Ignorar elementos importantes involucrados en el problema, como pueden ser los dispositivos de seguridad y/o control de una máquina o instalación.

b) Extender el análisis a elementos poco relacionados con el problema que pueden hacer excesivamente largo y laborioso el análisis y que, en todo caso, serían objeto de otro análisis.

Seleccionar el sistema supone:

• Establecer los límites del sistema. El análisis se puede efectuar indistintamente a un componente, un subsistema elemental o al sistema completo, pero deben quedar claramente establecidos los límites del sistema analizado. Existe una norma, la ISO 14.224, que puede servir de ayuda en este sentido.

• Recopilar la información referente al sistema:

- Sus funciones.

- Sus características técnicas.

- Las prestaciones deseadas.

2. Identificar el Problema.

Normalmente se trata de un fallo o de la consecuencia de un fallo. Se debe tratar de un hecho concreto que responde a la pregunta ¿Qué ocurre? Se persigue concretar un problema de máxima prioridad y evitar la tendencia frecuente a intentar resolver múltiples problemas a la vez, con la consiguiente pérdida de eficacia.

Seleccionar el problema supone:

• Concretar la avería objeto del análisis.

• Describir la avería, lo más completamente posible:

¿Qué ocurre?

¿Dónde ocurre?

¿Cómo ocurre?

¿Cuándo ocurre o cuándo comenzó?

¿Quién la provoca?

¿Cómo se ha venido resolviendo?

Cuantificar el Problema.

Es preciso trabajar con datos:

¿Cuánto tiempo hace que existe?

¿Cuántas veces ha sucedido?

¿Cuánto está costando?

Para ser objetivos y evitar ideas preconcebidas.

Un análisis de averías exhaustivo como el que estamos presentando no estaría justificado en todos los casos. Por eso es importante que la dirección de la planta establezca unos criterios para desencadenar el análisis cuando se presenten las condiciones predefinidas:

-Cuando el fallo ha ocasionado un accidente personal.

-Cuando el fallo ha provocado un fuego o pérdida de producción importante.

-Cuando el fallo ha provocado un daño medioambiental importante.

-Cuando el fallo tiene un coste de reparación superior a una cifra determinada.

-Cuando el fallo afecta a una máquina o instalación catalogada como crítica.

-Cuando la combinación frecuencia/coste o frecuencia/criticidad superan los límites establecidos.

FASE B: Determinar las causas

4. Enumerar las causas.

La causa es el origen inmediato del hecho observado o analizado. Se deben omitir opiniones, juicios, etc. y debe responder a la pregunta ¿Por qué ocurre? Pensar que una sola causa es el origen del problema es generalmente simplista y preconcebido. Se trata de esforzarse para encontrar todas las causas posibles y comprobar que realmente inciden sobre el problema. Se deben contemplar tanto las causas internas como externas del equipo analizado, lo que podríamos clasificar como causas físicas y causas latentes o de organización, gestión, etc. Enumerar las causas supone, por tanto, confeccionar un listado exhaustivo de todas las posibles causas involucradas en el fallo analizado.

5. Clasificar y jerarquizar las causas.

El listado antes obtenido no da información alguna sobre el grado de importancia y relación entre las mismas. Por ello el paso siguiente antes de trabajar en la solución, es buscar relaciones entre causas que permita agruparlas y concatenarlas. Ello nos permitirá darnos cuenta de que, tal vez, la solución de una de ellas engloba la solución de algunas de las otras.

6. Cuantificar las causas.

La medición, con datos reales o estimados de la incidencia de cada causa sobre el problema nos va a permitir, en un paso posterior, establecer prioridades. Se trata, por tanto, de tener cuantificado el 100% de la incidencia acumulada por las diversas causas.

7. Seleccionar una causa.

Se trata de establecer prioridades para encontrar la causa o causas a las que buscar soluciones para que desaparezca la mayor parte del problema. Para ello lo que realmente hacemos es asignar probabilidades para identificar las causas de mayor probabilidad (20% de las causas generan el 80% del problema).

FASE C: Elaborar la solución

8. Proponer y cuantificar soluciones.

Se trata de profundizar en la búsqueda de todas las soluciones viables, cuantificadas en coste, tiempo y recursos, para que el problema desaparezca.

9. Seleccionar y elaborar una solución.

Se trata de seleccionar la solución que resuelva el problema de manera más global (efectiva, rápida y barata). Para ello se compararán las distintas soluciones estudiadas y se completará un plan de acción para aquellas que finalmente se decida llevar a cabo.

FASE D: Presentar la propuesta

10. Formular y presentar una propuesta de solución.

El análisis se completa en esta etapa con la que se pretende informar de las conclusiones y la propuesta que se ha elaborado (plan de acción). Para ello se debe confeccionar un informe de análisis de averías donde se refleje toda la investigación, análisis, conclusiones y recomendaciones. Todo el proceso descrito en las fases A, B, y C se debe recoger en un formato que denominamos: Ficha de análisis de averías.

FICHA DE ANÁLISIS DE AVERÍAS

Fecha:___/___/___   Realizado por: _______________________

IDENTIFICACIÓN

MÁQUINA: _________________________ CÓDIGO: _________________
ELEMENTOS ASOCIADOS: _________________________________
FUNCIÓN: _________________________________
CALIFICACIÓN CRITICIDAD: Crítica: ☐ Importante: ☐ Poco Importante: ☐ Normal: ☐

AVERÍA

- NATURALEZA:
  - Mecánica ☐   Electrónica ☐   Neumática ☐
  - Eléctrica ☐   Hidráulica ☐   Otros ☐
- TIPO DE FALLO: ☐
  - Progresivo ☐   + Parcial ☐   = Degradación ☐
  - Súbito ☐   + Total ☐   = Cataléptico ☐
  - Evidente ☐   Oculto ☐   Múltiple ☐

CONSECUENCIAS

- PRODUCCIÓN - ☐   INMOVILIZACIÓN - ☐   SEGURIDAD: - ☐   MEDIO AMBIENTE ☐
  - * Sin Consec. ☐   * Breve ☐   * Sin daños Pers. ☐   * Ninguno ☐
  - * Bajo Rendim. ☐   * Largo ☐   * Posible Lesión ☐   * Bajo ☐
  - * Parada. ☐   * Muy Largo ☐   * Riesgo Grave ☐   * Alto ☐

- COSTE DIRECTO ☐   FRECUENCIA ☐   - CALIFICACIÓN GRAVEDAD
  - * Bajo ☐   * Ocasional ☐   * Menor ☐   * Crítico ☐
  - * Medio ☐   * Frecuente ☐   * Significativo ☐ * Catastrófico ☐
  - * Alto ☐   * Muy Frecuente ☐

DIAGNÓSTICO

CAUSAS INTRINSECAS   CAUSAS EXTRINSECAS
- FALLO DEL MATERIAL ☐   - Mala Utilización ☐
  - * Desgaste   - Accidente
  - * Corrosión   - No Respetar Instrucciones
  - * Fatiga   - Falta Procedimientos Escritos
  - * Desajuste   - Error Procedimientos
  - * Otras   - Falta de Limpieza
    - Mal Diseño   - Coordinación
    - Mal Montaje   - Organización/Gestión
    - Mal Mantenimiento ☐   - Otras Causas Externas ☐

SOLUCIÓN

- Para Resolver la Avería: _________________________________
- Para Evitar su Repetición: _______________________________
- Plan de Acción: REF. _____________________________________

La ficha de análisis de averías sirve para guiar el análisis y para facilitar la comprensión y lectura del mismo.

La propuesta (Fase D) se debe resumir en un PLAN DE ACCIÓN donde se reflejan todas las actividades a desarrollar, sus responsables y el calendario previsto, para facilitar el seguimiento del plan.

PLAN DE ACCIÓN						
EQUIPO: FECHA:		INFORME DE ANÁLISIS DE AVERÍA:				
CÓDIGO	ACCIÓN	RESPONSABLE	FECHA OBJETIVO	FECHA REVISIÓN	GRADO DE AVANCE	OBSERVACIONES

Existen herramientas aplicables en cada una de las etapas, de las que se presenta más adelante un resumen de las más utilizadas. Asimismo, se presenta posteriormente unas notas sencillas pero muy útiles a tener en cuenta para llevar a cabo el análisis de averías y confeccionar el informe correspondiente.

Como llevar a cabo un análisis de averías

Ya se indicó en el punto anterior la necesidad de fijar unos criterios, que dependerán de cada caso particular, para decidir cuándo llevar a cabo el análisis de averías. Asimismo, se indicaron en el punto 2 (Justificación) razones por sí mismas suficientes para ser generosos a la hora de establecer esos criterios, pues contribuirán decisivamente a establecer una cultura basada en la prevención. Para la mayoría de los casos sería suficiente asignar la organización y confección de los análisis a un especialista (ingeniero de fiabilidad o ingeniero de equipos dinámicos). Sin embargo, cuando los problemas sobrepasan los límites técnicos y organizativos de un especialista, pueden ser analizados mejor por un grupo multidisciplinar:

- Mantenimiento

- Operaciones

- Procesos

- Seguridad

- Aprovisionamientos.

Esto tiene como beneficio añadido los siguientes:

- Mejora la comunicación entre departamentos.

- Mejora el conocimiento del funcionamiento de los departamentos.

- Mejora la transparencia.

- Mejora el conocimiento de los procedimientos.

El grupo óptimo es de cinco a siete personas y debe ser liderado por el ingeniero de fiabilidad.

Es importante que, tanto si el análisis se hace por un grupo o por un especialista, se empiece lo antes posible, una vez ha tenido lugar la avería. De esta forma se evita que se pierdan datos muy importantes para el análisis como son:

- Detalles del fallo (fotografías, etc.).

- Evidencias físicas (muestras para ser analizadas, etc.).

- Aportaciones de los operadores que estaban presentes.

Informe de análisis de averías

Para que se transmita de forma eficaz, la información debe cumplir las tres condiciones siguientes:

- Ser precisa y completa.

- Ser fácil de entender.

- Ser breve para ahorrar tiempo a los lectores.

Su estructura más frecuente es la siguiente:

- Título.

- Sumario.

- Índice.

- Cuerpo del informe.

- Apéndices.

El Título debe ser claro y completo, aunque la brevedad siempre se agradece. En la portada, además del Título, debe aparecer el autor o autores, fecha y lista de distribución. El Sumario es un resumen de en qué consiste la avería y cuál es la solución propuesta, todo ello de forma muy breve. Los detalles irán posteriormente. La redacción del sumario debe dejarse para el último momento, cuando todo el informe esté terminado. La razón del Sumario es que es un hecho comprobado que la comprensión y la memorización mejoran notablemente si se empieza resumiendo lo que se va a explicar y la conclusión a la que se va a llegar. Debe servir también para que los lectores muy ocupados puedan tener una visión resumida sin necesidad de leerse todo el documento.

El Índice puede resultar superfluo si el informe es muy breve, pero en general es muy útil, pues facilita la lectura y da una primera visión, como el Sumario.

El Cuerpo del informe desarrolla todo el proceso de análisis efectuado, desde la definición del problema hasta la propuesta de solución pasando por el análisis de las causas. Un modelo de informe breve puede ser el siguiente:

• Título.

• Sumario.

• Índice.

• Antecedentes o Introducción.

• Descripción de la Avería.

• Análisis de las Causas.

• Conclusiones.

• Recomendaciones.

• Apéndices.

Como se aprecia, en el cuerpo del informe aparecen los apartados en el orden en que se han sucedido los razonamientos. La extensión de cada apartado dependerá de su importancia relativa.

Los Apéndices se utilizarán cuando se requiera una larga explicación o suponga un gran volumen de datos. Así se evita perder el hilo del tema principal. Presentan la ventaja para los lectores de que sólo necesitan entrar en ellos si precisan más detalles.

El cuerpo del informe puede ser ampliado, cuando se requiera, aunque conservando la misma estructura, como se puede observar en el modelo siguiente:

1. Antecedentes.

1.1. Objeto y alcance del informe.

1.2. Fuentes de información.

1.3. Limitaciones.

2. Descripción de la avería.

2.1. Descripción de los hechos.

2.2. Sistemas observados.

3. Análisis de Causas.

3.1. Sucesión de eventos.

3.2. Causas inmediatas.

3.3. Causas remotas.

3.4. Causa más probable. Diagnóstico.

4. Conclusiones.

4.1. Acerca de las Causas.

4.2. Acerca de las Soluciones.

4.3. Conclusión final.

5. Recomendaciones.

5.1. Solución propuesta.

5.2. Plan de acción. Implementación.

Herramientas para análisis de averías

De entre las diversas herramientas existentes hemos seleccionado aquellas que mejor se adaptan para cada fase del análisis.

El diagrama de Pareto

Es una representación gráfica de los datos obtenidos sobre un problema, que ayuda a identificar y seleccionar los aspectos prioritarios que hay que tratar. También se conoce como Diagrama ABC o Ley de las Prioridades 20-80, que dice: "El 80% de los problemas que ocurren en cualquier actividad son ocasionados por el 20% de los elementos que intervienen en producirlos".

Sirve para conseguir el mayor nivel de mejora con el menor esfuerzo posible.

Es pues una herramienta de selección que se aconseja aplicar en la fase A (concretar el problema) así como para seleccionar una causa (Etapa 7).

Tiene el valor de concentrar la atención en el 20% de los elementos que provocan el 80% de los problemas, en vez de extenderse a toda la población.

Se cuantifican las mejoras que se alcanzarán solucionando los problemas seleccionados.

Los pasos a seguir para su representación son:

1. Anotar, en orden progresivo decreciente, los fallos o averías a analizar (importe de averías de un tipo de máquinas, importe de averías del conjunto de la instalación, consumo de repuestos, etc.). En definitiva, el problema o avería objeto del análisis.

2. Calcular y anotar, a su derecha, el peso relativo de cada uno (%).

3. Calcular y anotar, a su derecha, el valor acumulado (% acumulado).

4. Representar los elementos en porcentajes decrecientes de izquierda a derecha (histograma) y la curva de porcentaje acumulado (curva ABC).

Ejemplo: Averías encontradas en un conjunto de bombas centrífugas. Se trata de seleccionar el problema o avería a analizar:

	CONCEPTO	IMPORTE ANUAL	%	% ACUMULADO
A	Fuga Cierre Mecánico	40	46,5	46,5
B	Fallo de Cojinetes	20	23,3	69,8
C	Desgaste Anillos de Impulsor	15	17,5	87,3
D	Daños en el Eje	7	8,1	95,4
E	Daños en Impulsor	3	3,5	98,9
F	Daños en Carcasa	1	1,1	100

Representación Gráfica:

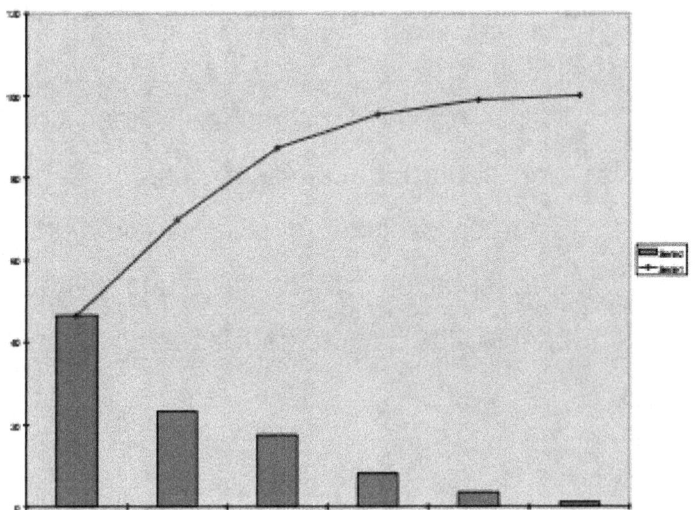

Conclusiones: Controlando los tipos de Fallos A, B y C (Cierre mecánico, Cojinetes y Anillos de Desgaste) se está controlando el 87,3% del importe anual de reparaciones de bombas centrífugas.

El diagrama de Ishikawa

También denominado diagrama Causa-Efecto o de espina de pescado, es una representación gráfica de las relaciones lógicas existentes entre las causas que producen un efecto bien definido. Sirve para visualizar, en una sola figura, todas las causas asociadas a una avería y sus posibles relaciones.

Ayuda a clasificar las causas dispersas y a organizar las relaciones mutuas. Es, por tanto, una herramienta de análisis aplicable en la fase B (DETERMINAR LAS CAUSAS). Tiene el valor de su sencillez, poder contemplar por separado causas físicas y causas latentes (fallos de procedimiento, sistemas de gestión, etc.) y la representación gráfica fácil que ayuda a resumir y presentar las causas asociadas a un efecto concreto.

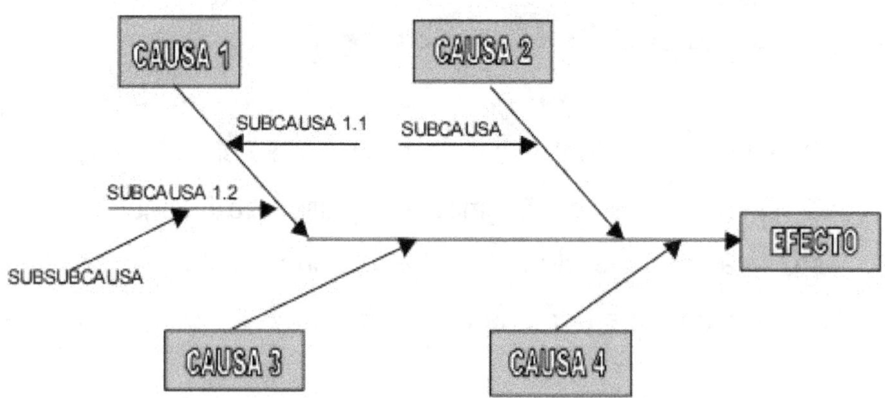

Los pasos a seguir para su construcción son:

1. Precisar bien el efecto: Es el problema, avería o fallo que se va a analizar.

2. Subdividir las causas en familias. Se aconseja el método de las 4M (Métodos, Máquinas, Materiales, Mano de Obra), para agrupar las distintas causas,

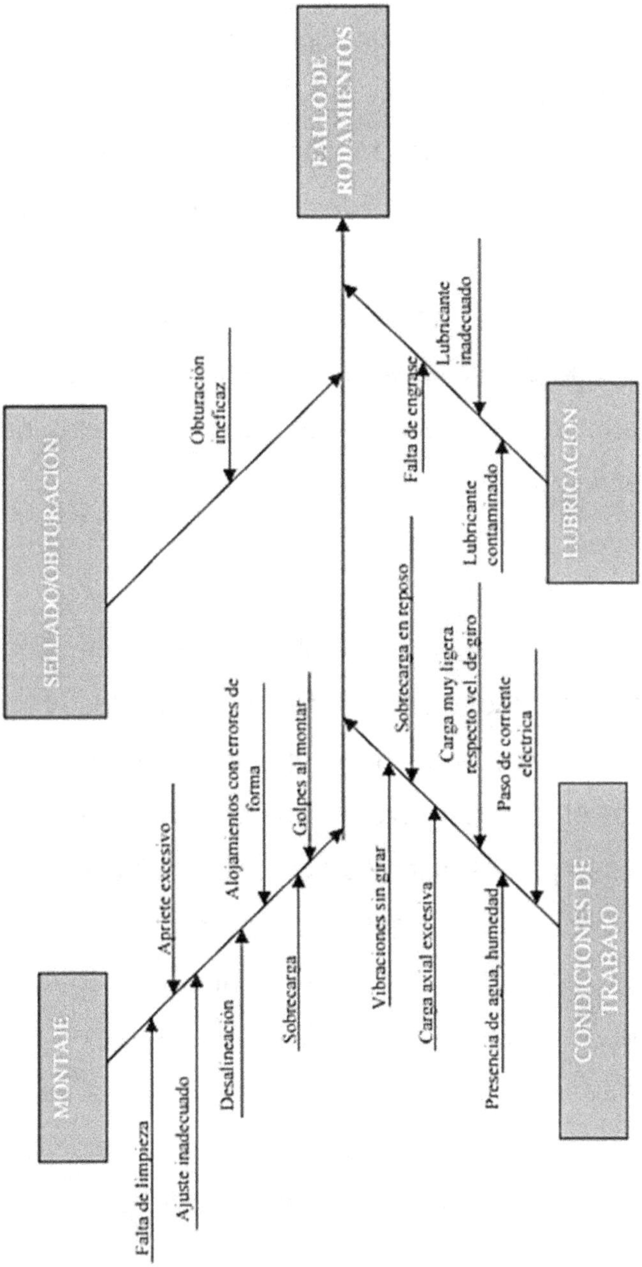

FALLO DE RODAMIENTOS
SELLADO/OBTURACION
LUBRICACION
MONTAJE
CONDICIONES DE TRABAJO
Obturación ineficaz
Lubricante inadecuado
Falta de engrase
Lubricante contaminado
Apriete excesivo
Alojamientos con errores de forma
Golpes al montar
Sobrecarga en reposo
Carga muy ligera respecto vel. de giro
Paso de corriente eléctrica
Falta de limpieza
Ajuste inadecuado
Desalineación
Sobrecarga
Vibraciones sin girar
Carga axial excesiva
Presencia de agua, humedad

aunque según la naturaleza de la avería puede interesar otro tipo de clasificación.

3. Generar, para cada familia, una lista de todas las posibles causas. Responder sucesivamente ¿Por qué ocurre? hasta considerar agotadas todas las posibilidades.

En la figura anterior se presenta a modo de ejemplo el Diagrama de Ishikawa para el fallo de un rodamiento (Resumen de causas posibles de fallo de un rodamiento).

El árbol de fallos

Como se vio, el árbol de fallos es una representación gráfica de los múltiples fallos o eventos y de su secuencia lógica desde el evento inicial (causas raíz) hasta el evento objeto del análisis (evento final) pasando por los distintos eventos contribuyentes.

Tiene el valor de centrar la atención en los hechos relevantes. Adicionalmente conduce la investigación hacia causas latentes. Esta presentación gráfica permite, igual que el diagrama de Ishikawa, resumir y presentar las causas, conclusiones y recomendaciones. Es, por tanto, una herramienta de análisis muy recomendable para realizar la fase B del Análisis de Averías (Determinar las Causas).

A modo de ejemplo vamos a identificar, clasificar y jerarquizar las causas de desgaste de cojinetes.

Haciendo uso de la tabla 2 del capítulo 9, construimos el árbol de fallos siguiente:

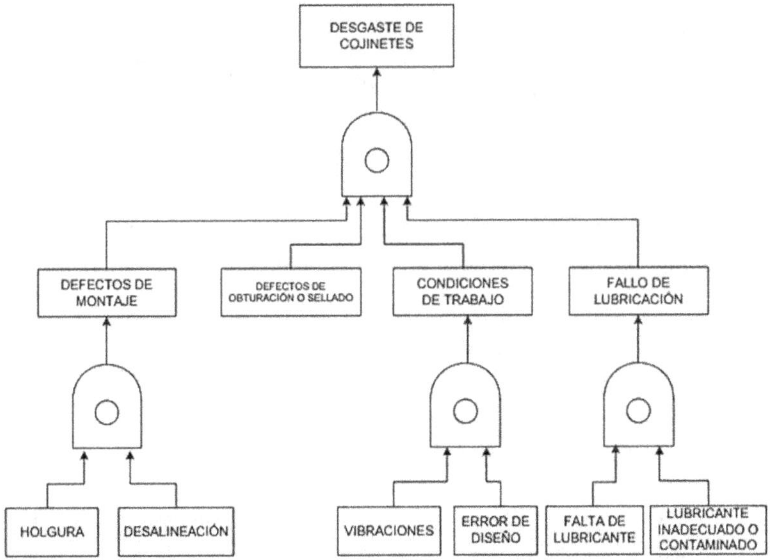

Matriz de criterios

Para la fase C (Elaborar la solución) es muy útil utilizar esta herramienta que supone disponer de varias soluciones viables y cuantificadas en coste y tiempo. La matriz de criterios nos ayudará a seleccionar la alternativa que resuelve el problema de la manera más global (efectiva, rápida, barata).

Se trata de una matriz donde aparecen en las filas las distintas soluciones y en las columnas los criterios de valoración (sencillez, rapidez, coste, efectividad, etc.).

ALTERNATIVAS	CRITERIOS			PUNTUACIÓN TOTAL
	C1 / P	C2 / P	C3 / P	
A				
B				
C				
D				

A, B, C, D: Alternativas o soluciones.

C1, C2, C3: Criterios de evaluación (Coste, Rapidez, Dificultad, etc.).

P: Peso del criterio (o factor de multiplicación).

-Las alternativas son las distintas soluciones a comparar.

-C1, C2, C3 son los criterios de valoración fijados.

-P es el peso asignado a cada criterio: 1,2,3... para criterios que tengan una influencia positiva y -1, -2, -

3... para los de influencia negativa (por ejemplo, el coste).

-Las soluciones son puntuadas, comparativamente, respecto de cada criterio (si se tienen 4 soluciones se da, a cada una de ellas, una puntuación de 1 a 4 siendo 4 la mejor y 1 la peor).

-Esa puntuación se multiplica por el peso de cada criterio y se suman para obtener la puntuación total. La mejor solución, para los criterios establecidos, es la que alcance la puntuación más alta.

Ejemplo de Aplicación de la matriz de criterios para seleccionar un aceite lubricante entre dos alternativas posibles (Aceite A y Aceite B).

Criterios	Pesos asignados	Aceite A	Aceite B
Precio	60%	6.500 €	8.300 €
Plazo	30%	60 días	15 días
Asistencia Técnica	10%	Regular	Buena

Con estos datos construimos la siguiente matriz de criterios:

ALTERNATIVAS	PRECIO (60%)	PLAZO (30%)	A. TÉCNICA (10%)	TOTAL
ACEITE A	2 / 1,2	1 / 0,3	1 / 0,1	**1,6**
ACEITE B	1 / 0,6	2 / 0,6	2 / 0,2	1,4

La mejor alternativa para los criterios manejados y con los pesos asignados a cada uno de ellos es el Aceite A. La tabla siguiente es un resumen de la aplicabilidad de cada herramienta:

	CONCRETAR EL PROBLEMA	DETERMINAR LAS CAUSAS	ELABORAR LA SOLUCIÓN	PRESENTAR LA PROPUESTA
D. Pareto	X	X		
D. Ishikawa	X	X		
Árbol de fallos		X		
Matriz de criterios			X	
Informe de averías				X

Técnicas de mantenimiento predictivo

Definición y principios básicos

Se llama Mantenimiento Predictivo, Mantenimiento Condicional o Mantenimiento Basado en la Condición el mantenimiento preventivo subordinado a la superación de un umbral predeterminado y significativo del estado de deterioro de un bien.

-Se trata de un conjunto de técnicas que, debidamente seleccionadas, permiten el seguimiento y examen de ciertos parámetros característicos del equipo en estudio, que manifiestan algún tipo de modificación al aparecer una anomalía en el mismo.

-La mayoría de los fallos en máquinas aparecen de forma incipiente, en un grado en que es posible su detección antes que el mismo se convierta en un hecho consumado con repercusiones irreversibles tanto en la producción como en los costes de mantenimiento.

Se precisa para ello establecer un seguimiento de aquellos parámetros que nos pueden avisar del comienzo de un deterioro y establecer para cada uno de ellos qué nivel vamos a admitir como normal y cuál inadmisible, de tal forma que su detección desencadene la actuación pertinente.

La figura muestra este proceso. Se le denomina curva P-F porque muestra cómo un fallo comienza y prosigue el deterioro hasta un punto en el que puede ser detectado (el punto P de fallo potencial). A partir de allí, si no se detecta y no se toman las medidas oportunas, el deterioro continúa hasta alcanzar el punto F de fallo funcional:

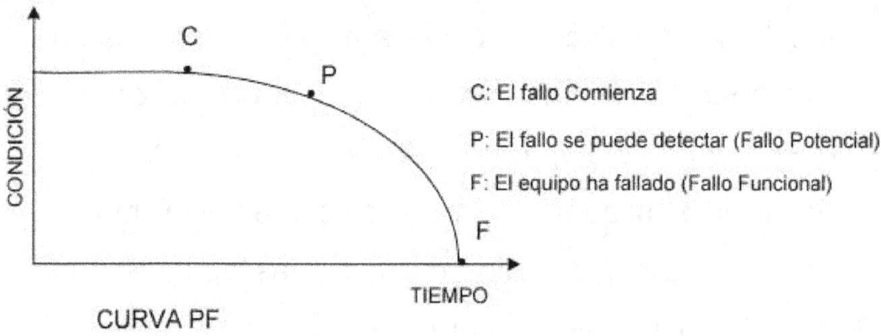

El seguimiento y control de los parámetros se puede hacer mediante vigilancia periódica, en cuyo caso es importante establecer una frecuencia tal que nos permita detectar el deterioro en un momento entre P y F, y que no sea demasiado tarde para reaccionar. Asimismo, se puede hacer mediante monitorizado en continuo lo que evita el inconveniente anterior, pero no siempre es factible y, en cualquier caso, es más costoso.

De manera que finalmente los parámetros a controlar y la forma depende de factores económicos:

- Importancia de la máquina en el proceso productivo.
- Instrumentación necesaria para el control.

-Los equipos a los que actualmente se les puede aplicar distintas técnicas de control de estado con probada eficacia son básicamente los siguientes:

- Máquinas rotativas.
- Motores eléctricos.
- Equipos estáticos.
- Aparamenta eléctrica.
- Instrumentación.

Las ventajas que aporta este tipo de mantenimiento son que, al conocerse en todo momento el estado de los equipos, permite detectar fallos en estado incipiente, lo que impide que éste alcance proporciones indeseables. Por otra parte, permite aumentar la vida útil de los componentes, evitando el reemplazo antes de que se encuentren dañados. Y, por último, al conocerse el estado de un defecto, pueden programarse las paradas y reparaciones previéndose los repuestos necesarios, lo que hace disminuir los tiempos de indisponibilidad.

Parámetros para control de estado

Los parámetros utilizados para el control de estado de los equipos son aquellas magnitudes físicas susceptibles de experimentar algún tipo de modificación repetitiva en su valor, cuando varía el estado funcional de la máquina.

Existen muchos parámetros que se pueden utilizar con este fin, siempre que se cumplan las condiciones expresadas:

- Que sea sensible a un defecto concreto.
- Que se modifica como consecuencia de la aparición de alguna anomalía.
- Que se repite siempre de la misma forma.

Así las distintas técnicas utilizadas para el mantenimiento preventivo se pueden clasificar en dos grupos básicos:

-Técnicas directas, en las que se inspeccionan directamente los elementos sujetos a fallo: entre ellas cabe mencionar la inspección visual (la más usada), inspección por líquidos penetrantes, por partículas magnéticas, el empleo de ultrasonidos, análisis de materiales, la inspección radiográfica, etc.

-Técnicas indirectas, mediante la medida y análisis de algún parámetro con significación funcional relevante. Entre ellos el más usado es el análisis de vibraciones, aunque también existen numerosos parámetros que cada vez son más utilizados conjuntamente con el análisis de vibraciones, como puede ser el análisis de lubricantes, de ruidos, de impulsos de choque, medida de presión, de temperatura, etc.

En las tablas siguientes se resumen las técnicas y parámetros utilizados actualmente para el control de estados para distintos tipos de equipos.

Equipos dinámicos

PARÁMETRO INDICADOR	TÉCNICAS
•Inspección visual	•Uso de endoscopios, mirillas, videos
•Vibraciones	•Análisis espectral y de tendencias
•Presión, caudal, temperatura	•Seguimiento de evolución
•Ruido	•Análisis del espectro
•Degradación y contaminación de lubricantes	•Análisis físico-químicos, ferrografía
•Estado de rodamientos	•Impulsos de choque
•Estado de alineación	•Laser de monitorización
•Control de esfuerzos, par y potencia	•Extensometría, torsiómetros
•Velocidades críticas	•Amortiguación dinámica

Equipos estáticos

PARÁMETRO INDICADOR	TÉCNICAS
•Observación Visual	•Testigos, Endoscopios
•Corrosión	•Testigos, Rayos X, Ultrasonidos
•Fisuración	•Líquidos Penetrantes, Partículas Magnéticas, Rayos X, Ultrasonidos, Corrientes Parásitas.
•Estado de Carga	•Entensometria, Células De Carga
•Desgaste	•Ultrasonidos, Corrientes Inducidas, Flujo magnético
•Fugas	•Ultrasonidos, Ruidos, Control Atmósfera por medida de gases

Equipos eléctricos

PARÁMETRO INDICADOR	TÉCNICAS
•Equilibrio de fases	•Medidas de tensión e intensidad
•Consumos anómalos	•Medidas de intensidad y potencia
•Estado de devanados, excentricidad, desequilibrio	•Espectros de corriente y vibración
•Severidad de servicio	•Control y recuento de arranques y maniobras
•Resistencia de aislamiento	•Medida de resistencias, índice de polarización
•Contaminación de devanados	•Corriente de absorción y fuga
•Temperatura de devanados	•Medidas de temperatura, termografías
•Estado de escobillas	•Termografías, análisis estroboscópico
•Fallos de aislamiento	•Factor de pérdidas dieléctricas, análisis de descargas parciales

Equipos electrónicos

PARÁMETRO INDICADOR	TÉCNICAS
•Función o respuesta	•Medidas eléctricas, simulación, sistemas expertos
•Calentamiento	•Avisos sonoros, termografía

Establecimiento de un sistema de mantenimiento predictivo

El fundamento del mantenimiento predictivo es la medida y valoración periódica de una serie de variables de estado (parámetros de control) lo que implica el manejo de una ingente cantidad de datos que requieren medios:

- Físicos (hardware).

- De gestión (software).

- Humanos.

Los medios físicos son los instrumentos de medida y los de captura y registro de datos.

Los programas de gestión informáticos manejan los datos captados elaborando informes y gráficos de evolución. Finalmente, los medios humanos incluyen el personal que hace las medidas rutinarias, que deben ser profesionales cualificados y con conocimientos específicos del tipo de equipos a tratar y, además, el personal técnico altamente cualificado capaz de desarrollar análisis y diagnóstico de averías.

La implantación requiere unos pasos sucesivos:

1. Preparación inicial.

2. Implantación propiamente dicha.

3. Revisión de resultados.

1. Preparación inicial.

La preparación inicial supone desarrollar las siguientes tareas:

Definición de las máquinas:

-Identificación, estudio, de sus características y calificación de su importancia en el proceso productivo.

Determinar los parámetros y técnicas de medidas:

-Para cada máquina crítica en particular y para cada familia de máquinas genéricas se determinan los parámetros y técnicas más adecuados a utilizar para llevar a cabo el control.

Estructurar la base de datos:

-Para cada máquina se decide y cargan los siguientes datos:

Frecuencia de chequeo o medida:

Alcance de las medidas de cada parámetro.

Definición de rutas.

Definición de alarmas, para cada parámetro.

Formación del personal.

Implantación

Supone, una vez realizada toda la preparación, llevar a cabo las medidas periódicas acordadas, con las rutas y frecuencias previstas, lo que implica:

- Chequeos y medidas periódicas.
- Registro y volcado de datos en el sistema.
- Valoración de niveles que indican un comportamiento anómalo.

Análisis y diagnóstico de anomalías

Revisión de resultados

Una vez implantado todo el sistema se debería llevar a cabo periódicamente (al menos anualmente) un análisis crítico de resultados:

Historial de medidas rutinarias y averías.

Análisis de resultados y dispersión de datos.

Cambio de parámetros o niveles de alarma, así como de las frecuencias de chequeo, si es necesario.

Técnicas de mantenimiento predictivo

A continuación, se describen brevemente las principales técnicas utilizadas, con independencia de que se traten algunas de ellas más extensamente en capítulos posteriores:

Inspección Visual

Abarca desde la simple inspección visual directa de la máquina hasta la utilización de complicados sistemas de observación como pueden ser microscopios, endoscopios y lámparas estroboscópicas.

Se pueden detectar fallos que se manifiestan físicamente mediante grietas, fisuras, desgaste, soltura de elementos de fijación, cambios de color, etc. Se aplica a zonas que se pueden observar directamente y, cada vez más, se diseñan las máquinas para poder observar partes inaccesibles sin necesidad de desmontar (como las turbinas de gas, por ejemplo, mediante el uso de endoscopios).

Líquidos penetrantes

Se trata de una inspección no destructiva que se usa para encontrar fisuras superficiales o fallos internos del material que presentan alguna apertura en la superficie. La prueba consiste en la aplicación de una tintura especial sobre la superficie que previamente se ha limpiado concienzudamente. Se deja transcurrir un cierto tiempo para que penetre bien en todos los posibles defectos. A continuación, se elimina la tintura mediante limpieza superficial.

Finalmente se trata de nuevo la superficie con un líquido muy absorbente que extrae toda la tintura que quedó atrapada en poros o grietas superficiales, revelando la presencia y forma de tales defectos.

Existen asimismo tinturas fluorescentes que se revelan con el uso de una luz ultravioleta (álabes de turbinas).

Partículas magnéticas

Se trata de otro ensayo no destructivo que permite igualmente descubrir fisuras superficiales, así como no superficiales. Se basa en la magnetización de un material ferromagnético al ser sometido a un campo magnético. Para ello se empieza limpiando bien la superficie a examinar, se somete a un campo magnético uniforme y, finalmente, se esparcen partículas magnéticas de pequeña dimensión. Por efecto del campo magnético estas partículas se orientan siguiendo las líneas de flujo magnético existentes. Los defectos se ponen de manifiesto por las discontinuidades que crean en la distribución de las partículas.

Inspección radiográfica

Técnica usada para la detección de defectos internos del material como grietas, burbujas o impurezas interiores. Especialmente indicadas en el control de calidad de uniones soldadas.

Como es bien conocido consiste en intercalar el elemento a radiografiar entre una fuente radioactiva y una pantalla fotosensible a dicha radiación.

Ultrasonidos

Los ultrasonidos son ondas a frecuencia más alta que el umbral superior de audibilidad humana, en torno a los 20 kHz. Es el método más común para detectar gritas y otras discontinuidades (fisuras por fatiga, corrosión o defectos de fabricación del material) en materiales gruesos, donde la inspección por rayos X se muestra insuficiente al ser absorbidos, en parte, por el material. El ultrasonido se genera y detecta mediante fenómenos de piezoelectricidad y magnetostricción. Son ondas elásticas de la misma naturaleza que el sonido con frecuencias que alcanzan los 10^9 Hz. Su propagación en los materiales sigue casi las leyes de la óptica geométrica. Midiendo el tiempo que transcurre entre la emisión de la señal y la recepción de su eco se puede determinar la distancia del defecto, ya que la velocidad de propagación del ultrasonido en el material es conocida.

Tiene la ventaja adicional de que además de indicar la existencia de grietas en el material, permite estimar su tamaño lo que facilita llevar un seguimiento del estado y evolución del defecto. También se está utilizando esta técnica para identificar fugas localizadas en procesos tales como sistemas de vapor, aire o gas por detección de los componentes ultrasónicos presentes en el flujo altamente turbulentos que se generan en fugas (válvulas de corte, válvulas de seguridad, purgadores de vapor, etc.).

Análisis de lubricantes

El aceite lubricante juega un papel determinante en el buen funcionamiento de cualquier máquina.

Al disminuir o desaparecer la lubricación se produce una disminución de la película de lubricante interpuesto entre los elementos mecánicos dotados de movimiento relativo entre sí, lo que provoca un desgaste, aumento de las fuerzas de rozamiento, aumento de temperatura, provocando dilataciones e incluso fusión de materiales y bloqueos de piezas móviles.

Por tanto, el propio nivel de lubricante puede ser un parámetro de control funcional.

Pero incluso manteniendo un nivel correcto el aceite en servicio está sujeto a una degradación de sus propiedades lubricantes y a contaminación, tanto externa (polvo, agua, etc.) como interna (partículas de desgaste, formación de lodos, gomas y lacas).

El control de estado mediante análisis físico-químicos de muestras de aceite en servicio y el análisis de partículas de desgaste contenidas en el aceite (ferrografía) pueden alertar de fallos incipientes en los órganos lubricados.

Análisis de vibraciones

Todas las máquinas en uso presentan un cierto nivel de vibraciones como consecuencia de holguras, pequeños desequilibrios, rozamientos, etc. El nivel vibratorio se incrementa si, además, existe algún defecto como desalineación, desequilibrio mecánico, holguras inadecuadas, cojinetes defectuosos. Por tal motivo el nivel vibratorio puede ser usado como parámetro de control funcional para el mantenimiento predictivo de máquinas, estableciendo un nivel de alerta y otro inadmisible a partir del cual la fatiga generada por los esfuerzos alternantes provoca el fallo inminente de los órganos afectados. Se usa la medida del nivel vibratorio como indicador de la severidad del fallo y el análisis espectral para el diagnóstico del tipo de fallo.

Medida de la presión

Dependiendo del tipo de máquina puede ser interesante para confirmar o descartar ciertos defectos, utilizada conjuntamente con otras técnicas predictivas. Se suele utilizar la presión del proceso para aportar información útil ante defectos como la cavitación, condensación de vapores o existencia de golpes de ariete. En otros casos es la presión de lubricación para detectar deficiencias funcionales en los cojinetes o problemas en los cierres por una presión insuficiente o poco estable.

Medida de temperatura

El control de la temperatura del proceso no suele utilizarse desde el punto de vista predictivo. Sin embargo, se utiliza muy eficazmente el control de la temperatura en diferentes elementos de máquinas cuya variación siempre está asociado a un comportamiento anómalo. Así se utiliza la temperatura del lubricante, de la cual depende su viscosidad y, por tanto, su poder lubricante. Un aumento excesivo de temperatura hace descender la viscosidad de modo que puede llegar a romperse la película de lubricante. En ese caso se produce un contacto directo entre las superficies en movimiento con el consiguiente aumento del rozamiento y del calor generado por fricción, pudiendo provocar dilataciones y fusiones muy importantes. En los rodamientos y cojinetes de deslizamiento se produce un aumento importante de temperatura de las pistas cuando aparece algún deterioro. Asimismo, se eleva la temperatura cuando existe exceso o falta de lubricante. También aumenta la temperatura ante la presencia de sobrecargas. Por todo ello se utiliza frecuentemente la medida de temperatura en rodamientos y cojinetes, junto con otras técnicas, para la detección temprana de defectos y su diagnóstico. La temperatura en bobinados de grandes motores se mide para predecir la presencia de fallos como sobrecargas, defectos de aislamiento y problemas en el sistema de refrigeración. Por último, también puede aportar información valiosa la temperatura del sistema de refrigeración. En efecto, cualquier máquina está dotada de un sistema de refrigeración más o menos complejo para evacuar el calor generado durante su funcionamiento. La elevación excesiva de la temperatura del refrigerante denota la presencia de una anomalía en la máquina (roces, holguras inadecuadas, mala combustión, etc.) o en el propio sistema de refrigeración.

Termografía

La termografía es una técnica que utiliza la fotografía de rayos infrarrojos para detectar zonas calientes en dispositivos electromecánicos. Mediante la termografía se crean imágenes térmicas cartográficas que pueden ayudar a localizar fuentes de calor anómalas. Así se usa para el control de líneas eléctricas (detección de puntos calientes por efecto Joule), de cuadros eléctricos, motores, máquinas y equipos de proceso en los que se detectan zonas calientes anómalas bien por defectos del propio material o por defecto de aislamiento o calorificación. Para ello es preciso hacer un seguimiento que nos permita comparar periódicamente la imagen térmica actual con la normal de referencia.

Impulsos de choque

Dentro de las tareas de mantenimiento predictivo suele tener un elevado peso el control de estado de los rodamientos por ser estos elementos muy frecuentes en las máquinas y fundamentales para su buen funcionamiento, al tiempo que están sujetos a condiciones de trabajo muy duras y se les exige una alta fiabilidad. Entre las técnicas aplicadas para el control de estado de rodamientos destaca la medida de los impulsos de choque. Proporcionan una medida indirecta de la velocidad de choque entre los elementos rodantes y las pistas de rodadura, es decir, la diferencia de velocidad entre ambos es el momento del impacto. Esos impactos generan, en el material, ondas de presión de carácter ultrasónico llamadas "impulsos de choque". Se propagan a través del material y pueden ser captadas mediante un transductor piezoeléctrico, en contacto directo con el soporte del rodamiento. El transductor convierte las ondas mecánicas en señales eléctricas que son enviadas al instrumento de medida. Para mejorar su sensibilidad y, como quiera que el tren de ondas sufre una amortiguación en su propagación a través del material, el transductor se sintoniza eléctricamente a su frecuencia de resonancia. Los impulsos de choque, aunque presentes en cualquier rodamiento, van aumentando su amplitud en la medida en que van apareciendo defectos en los rodamientos, aunque estos defectos sean muy incipientes. Por ello es utilizada la medida de la amplitud como control de estado de los rodamientos en los que, tras la realización de numerosas mediciones, se ha llegado a establecer los valores "normales" de un rodamiento en buen estado y los que suponen el inicio de un deterioro, aunque todavía el rodamiento no presente indicios de mal funcionamiento por otras vías.

Diagnóstico de averías por análisis
de la degradación y contaminación del aceite

Introducción

Los sistemas de lubricación juegan un papel muy importante en el funcionamiento de cualquier tipo de máquina y tienen encomendadas una serie de funciones, entre las que destacan:

- Lubricar las partes sometidas a fricción (reducir el rozamiento y, por tanto, el desgaste y la energía consumida por este concepto).
- Disipar el calor generado por fricción.
- Reducir fugas internas (sellado de piezas, etc.).
- Proteger las piezas de la corrosión.
- Arrastrar partículas, condensados y sedimentos limpiando y controlando la formación de barros.

Para que el aceite pueda cumplir todas estas funciones satisfactoriamente debe mantenerse limpio, químicamente estable y libre de contaminantes. Por ello los síntomas que sirven para controlar el estado del sistema de lubricación son la degradación y la contaminación del aceite. Además de esto es fundamental que la presión, temperatura y caudal de aceite se mantengan dentro de los valores apropiados en cada caso.

La degradación del aceite es el proceso por el que se reduce su capacidad para cumplir sus funciones por alteración de sus propiedades.

La contaminación del aceite se debe a la presencia de sustancias extrañas, tanto por causas externas como internas:

Elementos metálicos, procedentes de desgaste de piezas sometidas a fricción y que producen a su vez desgaste abrasivo.

Óxidos metálicos, procedentes de la oxidación de piezas y desgaste de las mismas que originan igualmente desgaste abrasivo.

Polvo y otras impurezas que se introducen en el sistema de lubricación y proceden del medio exterior (filtros rotos, orificios, respiraderos, etc.).

Agua procedente de los sistemas de refrigeración y/o condensación de humedad atmosférica.

Combustibles, que diluyen el aceite.

Productos procedentes de la degradación de los aceites, como barnices y lacas que resultan del proceso de envejecimiento del aceite.

La contaminación y degradación del aceite están íntimamente relacionadas, ya que la contaminación altera las propiedades físicas y químicas del aceite acelerando su degradación. Por otra parte, la degradación produce sustancias no solubles en el aceite que facilitan el proceso de desgaste.

Viscosidad

Definición y Técnicas de medidas

La viscosidad es la propiedad física más importante del lubricante, ya que fija las pérdidas por fricción y la capacidad de carga de los cojinetes.

La viscosidad del aceite depende de la temperatura. Para expresar la tendencia del aceite a cambiar su viscosidad con la temperatura se utiliza el índice de viscosidad, que se obtiene de la comparación de la viscosidad del aceite en SSU a 100° F con la de otros dos aceites en las mismas condiciones, pero uno de ellos tiene poca variación de la viscosidad con la temperatura (base parafínica, al que se asigna arbitrariamente el valor 100) y otro cuya variación es muy elevada (base nafténica, al que se asigna el valor 0).

El índice de viscosidad es menos significativo como parámetro de diagnóstico que la viscosidad, ya que la disminución del índice de viscosidad por degradación de los aditivos correspondientes no es detectable en la mayoría de los casos.

La viscosidad se mide mediante viscosímetros, distinguiéndose diversos métodos:

-Medición de la viscosidad mediante el tiempo de escurrimiento

del aceite a través de un capilar. Son los llamados viscosímetros cinemáticos (Ostwald, etc.).

-Medición de la viscosidad mediante el tiempo de escurrimiento del aceite a través de un pequeño tubo u orificio. Entre ellos se encuentran los viscosímetros Saybolt, Redwood y Engler.

-Medición del efecto de cizallamiento producido en el aceite contenido entre dos superficies, sometidas a un movimiento relativo. Son los viscosímetros dinámicos (Mac Michel, etc.).

Medición de la viscosidad mediante el tiempo de desplazamiento de un objeto sólido a través del aceite. Los de bolas poseen dos tubos que se llenan de aceites nuevo y usado.

-Utilizan dos bolas similares para medir la diferencia de viscosidad entre los dos aceites. Son los llamados viscosímetros comparativos.

Efecto de los fallos sobre la viscosidad del aceite

Un aceite en servicio puede aumentar, disminuir o permanecer constante su viscosidad.

-La viscosidad disminuye normalmente por contaminación con el combustible (motores térmicos), mezcla con condensables del gas comprimido (compresores de gas combustible), contaminación con otro aceite menos viscoso, etc.

-La viscosidad aumenta normalmente por oxidación del aceite, que da lugar a la formación de productos de descomposición más viscosos, partículas carbonosas y otros contaminantes. Ello puede ocurrir por contaminación tanto interna como externa, tanto de partículas sólidas como agua. Algunos fallos típicos son:

- Combustión defectuosa.
- Filtro de aire de admisión obstruido.
- Turbocompresor defectuoso.
- Desgaste excesivo en los conjuntos camisa-segmentos.

- Fallos en sistema de refrigeración que producen fugas de agua.
- Filtro de aceite sucio u obstruido.

-Si la viscosidad permanece constante no significa siempre que las propiedades del aceite no se han alterado, ya que pueden coexistir fallos que tienden a disminuir la viscosidad junto con otros que tienen a aumentarla, compensándose ambos efectos.

Parámetros de diagnóstico

Los parámetros de diagnóstico asociados a la viscosidad del aceite son la medida de la misma, por los diversos métodos:

a) Viscosidad absoluta o dinámica (μ), medida directamente con viscosímetros dinámicos.

Punto de inflamación

Definición y Técnicas de medida

El punto de inflamación es la temperatura mínima a la que se desprenden vapores combustibles capaces de inflamarse en presencia de una llama.

Está muy relacionado con la viscosidad, de forma que cuando el punto de inflamación baja también lo hace la viscosidad y viceversa.

Se determina calentando una muestra contenida en un pequeño vaso y aplicando una pequeña llama en la proximidad de la superficie. La temperatura a la cual se inflama momentáneamente representa el punto de inflamación de la muestra (Métodos Normalizados ASTM D92 de vaso abierto y ASTM D93 de vaso cerrado).

Efecto de los fallos sobre el punto de inflamación del aceite

El punto de inflamación de un aceite en servicio, puede aumentar o disminuir, como ocurre con la viscosidad.

El aumento del punto de inflamación del aceite usado es debido al tiempo de utilización, debido a la vaporización de las partes volátiles.

La reducción del punto de inflamación del aceite usado es debido a la presencia de combustible (motores térmicos) los cuales provocan un descenso muy acusado.

Desviación admisible

Se considera inadmisible cuando el punto de inflamación ha disminuido un 30% o si baja de 180°C.

Acidez / Basicidad

Definición y Técnicas de medida

En un aceite el grado de acidez o alcalinidad puede expresarse por el número de neutralización respectivo, el cual se define como la cantidad de base o ácido, expresado en mg de KOH, que se requiere para neutralizar el contenido ácido o base de un gramo de muestra, en condiciones normalizadas.

La acidez o alcalinidad de un aceite nuevo da información sobre el grado de refino y aditivación; mientras que el de uno usado da información sobre los contaminantes y fundamentalmente sobre la degradación del mismo.

Existen métodos normalizados para medir tanto la acidez como la basicidad. (Métodos ASTM D-943 y ASTM D-974).

Efectos de los fallos sobre la acidez/basicidad del aceite

Los fallos que producen un aumento de la acidez del aceite producen simultáneamente una reducción en la basicidad propia del aceite. El aumento de la acidez está asociado a su oxidación y a la contaminación por los ácidos provenientes de la combustión (motores térmicos). Los más importantes son:

- Bomba de inyección o inyectores defectuosos.
- Turbocompresor defectuoso.
- Filtro de aire obstruido.
- Contaminación del aceite con azufre del combustible y otros ácidos.
- Sobrecalentamientos por fallo de la refrigeración.
- Filtro obstruido o ineficiente.

Parámetros de diagnóstico

Los parámetros de diagnóstico para la acidez/basicidad del aceite son:

-TAN (Número de ácido total). Representa los mg de KOH necesarios para neutralizar todos los constituyentes ácidos presentes en 1 gramo de muestra de aceite.

Se utiliza poco porque su medida depende de los aditivos presentes en el aceite.

Además, experimentalmente se puede comprobar que existe una relación entre la reducción del número de base total y el aumento del TAN, por lo que se prefiere seguir la evolución del primero por ser más significativo para evaluar un aceite y diagnosticar causas de fallos.

-TBN (Número de base total). Representa los mg. equivalentes de KOH necesarios para neutralizar sólo a los constituyentes alcalinos presentes en un gramo de muestra.

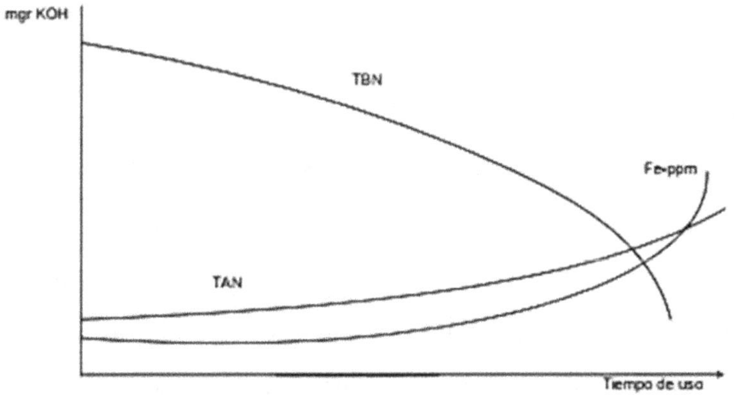

Además de estar íntimamente relacionados el TAN y TBN, existe una relación directa entre la reducción del TBN y el desgaste, según se aprecia en la figura.

Se inicia un desgaste anormal por corrosión cuando el valor del TAN cruza el TBN.

Desviación admisible

En la evaluación de un aceite motor, se aconseja el cambio de aceite cuando el TBN es inferior al 60% del

TBN inicial, o se encuentra por debajo del valor recomendado por el fabricante del motor. El TBN de un aceite de motor nuevo debe ser mayor cuanto mayor sea el contenido en azufre del carburante.

En cuanto al TAN es aconsejable el cambio cuando éste llega a un valor del 80% del TBN medido.

Insolubles

Definición y Técnicas de medida

Varios de los productos de la degradación de los aceites son sólidos insolubles en el aceite base, formando lacas, barnices y lodos. El resto queda disuelto en el aceite aumentando su viscosidad.

Su conocimiento es interesante para el diagnóstico ya que están relacionados directamente con la degradación del aceite, la eficacia de los filtros, el desgaste y en el caso de aceites detergentes con la saturación de su capacidad dispersante.

Los insolubles se miden mediante métodos basados en la sucesiva solubilidad o insolubilidad en diversos disolventes. El método consiste en disolver una parte de la muestra del aceite en un disolvente y posteriormente se separa la parte insoluble por filtración y centrifugación.

Los insolubles en pentano representan la casi totalidad de insolubles del aceite y están formados por contaminantes externos y por productos de la degradación del mismo que se separan fácilmente. Los insolubles en tolueno representan productos de contaminación externa, de la corrosión, del desgaste, carbón formado en la combustión incompleta y posible coquización del aceite.

La diferencia entre los insolubles en pentano y los insolubles en tolueno son los óxidos orgánicos que es lo que se trata de determinar.

II. Efecto de los fallos sobre los insolubles del aceite

Los insolubles se forman por oxidación, combustión, desgaste y contaminación externa.

Los fallos más importantes que producen aumento de insolubles son:

- Bomba de inyección o inyectores defectuosos.
- Turbocompresor defectuoso.
- Desgaste de componentes del motor.
- Filtro de aire roto u obstruido.
- Aceite degradado, ya que la degradación produce insolubles.
- Filtro de aceite obstruido o ineficiente.

Desviación admisible

Un valor superior al 3% de insolubles indica que el aceite está degradado.

Detergencia / Dispersividad

Definición y Técnicas de medida

La propiedad detergente de los aceites se refiere a su capacidad para evitar o reducir la formación de depósitos carbonosos en alojamientos (de segmentos, guías, etc.), originados por las altas temperaturas. Los aceites detergentes mantienen en suspensión los depósitos producidos.

La dispersividad de los aceites se refiere a su capacidad para mantener

dispersos, es decir, evitar la aglomeración de los lodos húmedos originados en el funcionamiento en frío del motor, que son compuestos complejos de carbón, óxidos y agua.

La detergencia y la dispersividad se reducen con la degradación y el consumo de los aditivos correspondientes que están formados por compuestos de calcio, magnesio y bario en los detergentes y por compuestos orgánicos (carbón e hidrógeno) en los dispersantes.

El método más sencillo y utilizado para la evaluación de la detergencia y dispersividad por su sencillez y rapidez es el análisis de la mancha de aceite, que se explica más adelante. Los aditivos que confieren la detergencia y dispersividad tienen carácter básico por lo que son estos aditivos los que se cuantifican cuando se determina el TBN. Por tanto, para evaluar la detergencia y dispersividad lo mejor es controlar el TBN. Asimismo, se pueden determinar elementos por espectroscopia.

Efectos de los fallos sobre la detergencia y dispersividad del aceite.

Los fallos enumerados antes, que degradan el aceite, hacen reducir su detergencia y dispersividad.

Contaminación del aceite

La presencia de materias extrañas en el aceite, sean de origen interno o externo, provocan la contaminación del aceite y degradación de sus propiedades.

Las más frecuentes fuentes de contaminación son:

- Presencia de agua.
- Presencia de materia carbonosa.

- Presencia de polvo atmosférico.

- Presencia de metales de desgaste interno.

Materia carbonosa

Definición y Técnicas de medida

En un aceite de motor la presencia de materia carbonosa es el resultado del paso de los productos de la combustión al aceite. Estos productos además de producir espesamiento del aceite cambiando su viscosidad, producen depósitos en las superficies internas del motor.

Se mide mediante un fotómetro el cual compara la opacidad de una solución en benceno del aceite usado con una serie de filtros de opacidad conocida. Los filtros están graduados directamente en porcentaje de materia carbonosa, de 0,2 en 0,2%. Se considera un aceite contaminado cuando se alcanza un 3% de materia carbonosa.

También se mide mediante la valoración de insolubles y con el método de la mancha de aceite.

Efecto de los fallos sobre la contaminación con materias carbonosas en el aceite.

Los fallos que producen un aumento anormal de materias carbonosas en el aceite de un motor son:

• Fallos del sistema de inyección.

• Turbocompresor defectuoso o intercooler obstruido.

• Filtro de aire obstruido.

que están asociados a una combustión anormal. Además, hay otros tipos de fallos que favorecen este tipo de contaminación, como son:

• Desgaste excesivo del conjunto segmentos-camisas.

• Degradación del aceite.

• Filtro de aceite obstruido o ineficiente.

Agua

Definición y Técnicas de medida

La contaminación con agua procede, en un motor, de la condensación en el interior por bajas temperaturas o aumento de la presión en el cárter. También las puede producir las posibles fugas del sistema de refrigeración. El efecto del agua sobre el aceite es su degradación y corrosión de los metales.

Existen varios métodos para su medida:

-Método de la crepitación en plancha caliente, el más utilizado como indicador cualitativo de presencia de agua en cantidades superiores a 0,05%. Consiste en dejar caer una gota de aceite en una plancha caliente y observar si se produce crepitación. La intensidad del ruido de crepitación es una indicación de la cantidad de agua contaminante.

-La medida de la constante dieléctrica también detecta cualitativamente concentraciones de agua superiores al 0,1%.

-El método de la mancha de aceite, aunque con este método solo se detectan concentraciones muy elevadas (superiores al 5%).

Efecto de los fallos sobre el agua en el aceite

Los principales fallos asociados con el aumento del contenido en agua del aceite son todos aquellos que producen fugas internas de refrigerante al aceite. Se considera que un aceite tiene una contaminación de agua inadmisible y, por tanto, debe ser sustituido cuando se alcanza más de un 0,5%.

Otros elementos contaminantes

Definición y Técnica de medida

Son elementos metálicos o no (hierro, cobre, sílice, boro, etc.) que entran al aceite provenientes tanto de fuentes externas como internas. Su análisis alerta, por tanto, tanto del posible desgaste de elementos internos como sobre otras posibles fuentes de contaminación. En la página siguiente aparece una tabla con los elementos contaminantes y su posible procedencia en el aceite.

TABLA 1. Fuentes corrientes de elementos encontrados mediante análisis espectrométrico de aceite.

Elemento	Fuente
1. Hierro (Fe)	Es el más común de los metales de desgaste. Paredes de cilindros, guías de válvulas, segmentos de cilindros, rodamientos de bola, levas, balancines, engranajes, cadenas, muñequillas de cigüeñal.
2. Aluminio (Al)	Pistones, cojinetes y polvo de contaminación externa.
3. Cobre (Cu)	Presente en forma de aleación, bien bronce bien latón. Arandelas y cojinetes.
4. Magnesio (Mg)	Aditivo detergente del lubricante.
5. Sodio (Na)	Agua en equipos marinos.
6. Níquel (Ni)	Metal de válvulas de alta resistencia y álabes de turbinas.
7. Plomo (Pb)	Cojinetes. Contaminación en motores que utilicen gasolinas con plomo.
8. Silicio (Si)	Se encuentra en la mayoría de muestras de aceite debido a polvo en el aire, juntas, y en algunos aceites aparece como agente antiespumante.
9. Estaño (Sn)	Cojinetes y restos de soldadura blanda.
10. Boro (B)	Aditivo del aceite.
11. Bario (Ba)	Aditivo detergente del aceite.
12. Molibdeno (Mo)	Segmentos de pistones y aditivo del aceite.
13. Zinc (Zn)	Componente del latón, y aditivo antioxidante del aceite.
14. Calcio (Ca)	Aditivo detergente del aceite.
15. Fósforo (P)	Aditivo antidesgaste del aceite.

Espectrometría

Es el método de determinación y cuantificación de elementos contaminantes en el aceite más usado.

Se basa en la propiedad de los átomos de emitir radiación compuesta de longitudes de onda características de cada elemento cuando son excitados. Esta radiación es función de la configuración electrónica del átomo, de forma que elementos diferentes emiten radiaciones diferentes, lo que permite su identificación.

Para el análisis de elementos contaminantes en aceites usados se aplican métodos de espectrometría tanto de emisión como de absorción, aunque la espectrometría de emisión tiene el inconveniente de ser insensible a partículas de más de 5µm.

Se recomienda no usar sólo la concentración de partículas como parámetro de diagnóstico pues al aumentar la severidad del fallo también aumenta el tamaño de las partículas.

Ferrografía

Es una técnica analítica que separa las partículas magnéticas del aceite, aplicándole un campo magnético. Las partículas grandes se depositan primero y las pequeñas recorren una mayor distancia en el porta-objeto.

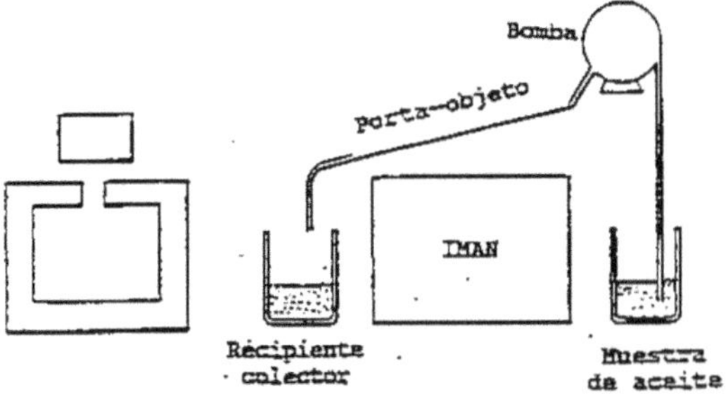

Figura 2. Esquema del ferrógrafo.

La distribución de partículas en el porta-objeto se llama Ferrograma

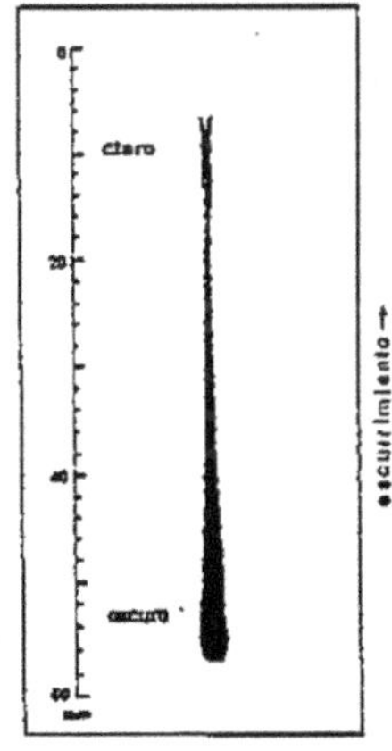

Figura 3: Ferrograma típico.

Se utilizan tres técnicas de análisis:

-Ferrografía cualitativa, basada en un análisis de opacidad en un punto específico antes del final del ferrograma.

-Ferrografía de lectura directa, que valora la concentración de partículas de desgaste mediante la toma de dos medidas de opacidad en puntos diferentes al comienzo del Ferrograma.

-Análisis de los ferrogramas al microscopio para diagnosticar modos de fallo basado en el tamaño y forma de las partículas.

La eficacia de la Ferrografía depende obviamente de la facilidad de separación magnética de las partículas del aceite.

En relación con la Espectrometría, la Ferrografía produce mejores datos cualitativos sobre morfología de las partículas, distribución de tamaños (de 2 a 20 µm), modo de desgaste y características metalográficas, pero no tiene la calidad cuantitativa de la espectrometría.

Efecto de los fallos sobre los elementos contaminantes del aceite

Los fallos más importantes asociados con la presencia de elementos contaminantes en un aceite de motor son:

1. Desgaste anormal del conjunto camisa-segmentos.

Genera partículas de hierro y cromo, salvo que solo procedan de la camisa en cuyo caso genera solo partículas de hierro.

Son los elementos más sometidos a desgaste en un motor y como la película de aceite entre ambos suele ser de 3 a 7 µm, se deduce que las partículas generadas por este tipo de desgaste tendrán menos de 10 µm.

2. Desgaste anormal del pistón o alojamientos de los segmentos. Como quiera que la mayoría de los motores actuales tienen el pistón en aleación de aluminio, el desgaste del pistón se detecta por un aumento del contenido en aluminio del aceite.

3. Desgaste anormal del cigüeñal. Generalmente se detecta por aumento de la presencia de partículas de hierro en el aceite.

4. Desgaste anormal de cojinetes. Se detecta por la presencia de elementos como el plomo, antimonio, estaño y cobre, componentes del metal antifricción con que se hacen los cojinetes.

Como la película de aceite entre cojinetes y cigüeñal suele estar en el rango de 0,5 a 20 µm, las partículas asociadas a su desgaste son las de menos de 20 µm.

5. Desgaste anormal del árbol de levas y empujadores. Este es el segundo conjunto en importancia en lo referente al desgaste de un motor y, por consiguiente, en la aportación de hierro que es su principal constituyente.

El espesor de película de aceite entre levas y empujadores está en el rango de 0 a 1μm, por lo que las partículas generadas suelen ser de tamaño inferior a 1μm.

6. Motor muy desgastado o gripado. Se trata de un desgaste global del motor y, consecuentemente, se detectará por la presencia de la mayoría de los elementos contaminantes del aceite en valores elevados, acompañado de una gran velocidad de desgaste.

7. Filtro de aire roto o mal instalado. Produce un aumento de elementos como sílice y aluminio en el aceite, provenientes del polvo atmosférico.

8. Filtro de aceite obstruido o ineficiente. Cuando se obstruye el filtro de aceite, la circulación del mismo se produce por el bypass, con lo que aumenta la contaminación del aceite rápidamente.

Parámetros de diagnóstico de los elementos contaminantes del aceite

-Parámetros de diagnóstico en Espectrometría.

Se utilizan la concentración de partículas y la velocidad de contaminación. La concentración se expresa en ppm de cada elemento metálico y el valor límite depende del tipo de motor y condiciones de servicio, siendo lo más aconsejable hacer un seguimiento de la evolución de cada motor.

-Parámetros de diagnóstico en Ferrografía.

Se usan la densidad del ferrograma y la lectura directa del ferrograma (D).

La densidad se define como el porcentaje de área cubierta por el campo de visión del sensor óptico de evaluación, que puede tomar valores entre 0 y 100% de área cubierta.

La lectura directa del ferrograma es una cuantificación de partículas en los ferrogramas y puede tomar valores entre 0 y 190, medido de forma similar a la densidad, pero tanto el sensor como el porta-objeto (cilíndrico en este caso) son distintos. Se hacen dos lecturas, una referida a la densidad de partículas grandes (Dg) y otra a las pequeñas (Dp).

Análisis de la mancha de aceite

Descripción del método

Consiste en depositar una gota de aceite usado sobre un papel de filtro determinado y observarla al cabo de varias horas. La gota se deposita con una varilla de vidrio de 6 mm. de diámetro para que el ensayo sea repetitivo; sin embargo, aunque el tamaño de la mancha está influido por el volumen de la gota, su configuración no se altera sensiblemente. La mancha presenta generalmente tres zonas como se observa en la figura:

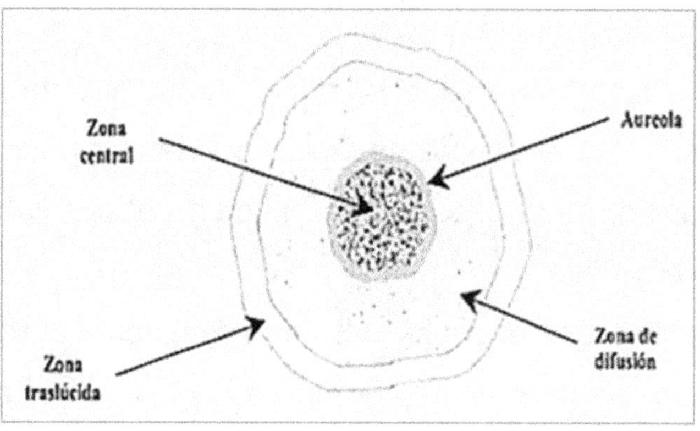

Zona central o de carbón, con su barrera límite.

Zona intermedia o de detergencia.

Zona exterior o de oxidación.

Se hacen dos manchas con cada aceite usado: una a 20°C (más o menos temperatura ambiente) y otra a

200ºC (temperatura de funcionamiento). Es un ensayo sencillo que permite obtener, sin embargo, bastante información sobre la situación del aceite. Su precisión, por el contrario, no es grande y requiere cierta experiencia.

Interpretación de la mancha

-La zona central está formada por partículas insolubles. Su opacidad caracteriza el contenido en carbón.

-La zona intermedia, más o menos oscura, caracteriza el poder dispersante residual del aceite. Se aprecia, por tanto, la dispersividad por la diferencia de diámetros de las dos zonas.

En esta zona intermedia también se aprecia el contenido en agua: el anillo de difusión aparece irisado de rayos y dientes de sierra, como un sol.

-La zona exterior, desprovista de materias carbonosas, es donde llegan las fracciones más volátiles del aceite o combustible contaminante. Su coloración más o menos amarillenta está relacionada con la oxidación del aceite o con la presencia de combustible.

Control de aceites en servicio

Un problema relacionado con el mantenimiento del sistema de lubricación y que se plantea al técnico de Mantenimiento es cuándo debe cambiar el aceite por otro nuevo, es decir, cuándo se agotan las propiedades de un lubricante. Conocer este aspecto es vital para un buen mantenimiento de la maquinaria y, a su vez, para evitar costos por cambios prematuros. Para ello se recurre a analizar las propiedades más significativas. Estos valores junto con las tolerancias que se apuntarán seguidamente, resuelven el problema planteado.

CARACTERÍSTICAS	VALORES LÍMITES MEDIOS
MOTORES TÉRMICOS (MEP y MEC)	
Viscosidad	Del 25 al 35% de su valor a 100ºC
TBN	No inferior del 35% del valor original
TAN	No más alto que el 80% del TBN
Mancha	Floculación de carbono
P. Inflamación	No más bajo que 30ºC del valor del aceite nuevo
Insolubles	Max. 3% en C5.
MOTORES MARINOS	
Agua	Máximo 0,5%
Viscosidad Grados Engler a 50ºC	± 20% en Motores de Cruceta
	± 25% en Motores de Tronco
Punto de inflamación	No superior a 180ºC
Dilución	No superior a 5%

Porcentaje de depósito		Motores de Cruceta. No superior a 0,8%
		Motores de Tronco:
		*Alta velocidad. No superior a 2% *Media velocidad. No superior a 2,5%
TAN		Motores de Cruceta. Alrededor de 1 mg KOH/gr.
		Motores de Tronco:
		*Alta velocidad. 1,5 mg KOH/g *Velocidad media. 2 mg KOH/g
TBN	Mínimo 7

REDUCTORAS DE ENGRANAJES

Viscosidad	Incremento no superior al 10% (valor original)
Insolubles	<1,5% peso
Espumas	0 c.c. a los 600 segundos
E. Timken	Mínimo 45 lb.

TURBINAS

Viscosidad	Máximo ±20% variación
I. de neutralización	Máximo 0,4
Agua	Máximo 0,2%
Espumas	0 c.c. a los 600 segundos
Emulsión	60 min. para un valor máximo de 3 ml. de emulsión.

ACEITES HIDRÁULICOS

Viscosidad	±20% máx. del valor original a 100°C
Indice neutralización ácida	Máximo hasta 2
Agua	0,5% Máximo
Espumas	0 c.c. a los 600 segundos
Emulsión	60 min. para un valor máx. de 3 ml. de emulsión.

ACEITES DE COMPRESORES

Viscosidad	Máxima variación ±20%
Indice neutralización	Máximo 0,4
Agua	0,2% Máximo
Espumas	0 c.c. a los 600 segundos
Emulsión	60 min. para un valor máximo de 3 ml. de emulsión.

ACEITES AISLANTES

Viscosidad	Máximo 11 cst a 40ºC
	Máximo 25 cst a 20ºC
Indice neutralización	0,25 Máximo
Tensión interfacial	17 dinas/cm mínimo
Rigidez dieléctrica	18 KV mín.

Los límites anteriores se han ido estableciendo con la experiencia de fabricantes y usuarios.

Sin embargo, cada vez aparecen más normas relativas al análisis de lubricantes para mantenimiento predictivo. Entre ellas citaremos como más importantes:

ASTM D 4378 Para turbinas de vapor y de gas.

ASTM D 6224 Para engranajes, bombas, compresores y sistemas hidráulicos.

-Estas normas recogen los siguientes aspectos:

- Test de aceptabilidad de un lubricante nuevo.

- Procedimiento de adquisición de muestras para lubricantes en servicio.

- Información para la interpretación de resultados de los ensayos.

- Niveles de alarma de lubricantes en servicio.

- Fuentes de procedencia de elementos inorgánicos.

-Para el control del deterioro del lubricante con el tiempo de servicio es aplicable la ISO 3448.

-Otras normas específicas para el control predictivo:

- ISO 4406 (1987).

- MIL – STD 1246 C (1994).

- NAS 1638 (1992).

-Para que los resultados de análisis sean fiables es muy importante la adecuada adquisición de muestras.

Para que la muestra sea representativa debemos vigilar los siguientes aspectos:

Toma de muestra con el equipo en marcha mejor que parado.

Toma de muestra en un punto representativo del flujo de aceite y no en un punto de remanso.

Recipiente de toma de muestra perfectamente limpio.

Agitación de la muestra antes de analizar para su homogeneización.

Diagnóstico de averías por análisis de vibraciones

Conceptos fundamentales

Todos los problemas mecánicos son fuentes de vibración. De ahí que de todas las técnicas predictivas (vibraciones, termografía, análisis de aceites, ferrografía, etc.).

La vibración es la más utilizada pues permite conocer el estado de la maquinaria, su evolución y determinar la causa de la misma.

• Parámetros a recordar en relación con el fenómeno de las vibraciones mecánicas:

La vibración es un movimiento periódico. Casi siempre es una superposición de varios movimientos periódicos de frecuencias y amplitudes variables que sumados dan lugar a movimientos periódicos complejos.

-Frecuencia: Nº de ciclos por unidad de tiempo, [Hz (hertzios) = CPS]. Es la inversa del período.

-Período: Tiempo que se invierte en un ciclo vibratorio completo (segundos).

-Amplitud: Intensidad o magnitud de la vibración. Puede expresarse como:

- Desplazamiento
- Velocidad
- Aceleración

-Desplazamiento: Magnitud más adecuada para bajas frecuencias (hasta 10Hz) donde las aceleraciones son bajas.

$$X = x\ sen\ \omega t$$

que se suele expresar en las siguientes unidades:

micras: μ (milésima de mm.)

mils: milésima de pulgada

-Velocidad: Magnitud más adecuada para rango medio (10 a 1.000 Hz), donde se suelen presentar la mayor parte de los problemas mecánicos:

$$V = \frac{dX}{dt} = \omega x \cos \omega t = \omega x\ sen\left(\omega t + \frac{\pi}{2} \right)$$

que se suele expresar en μ /s (micras por segundo) o en mils/s (milésima de pulgada por segundo).

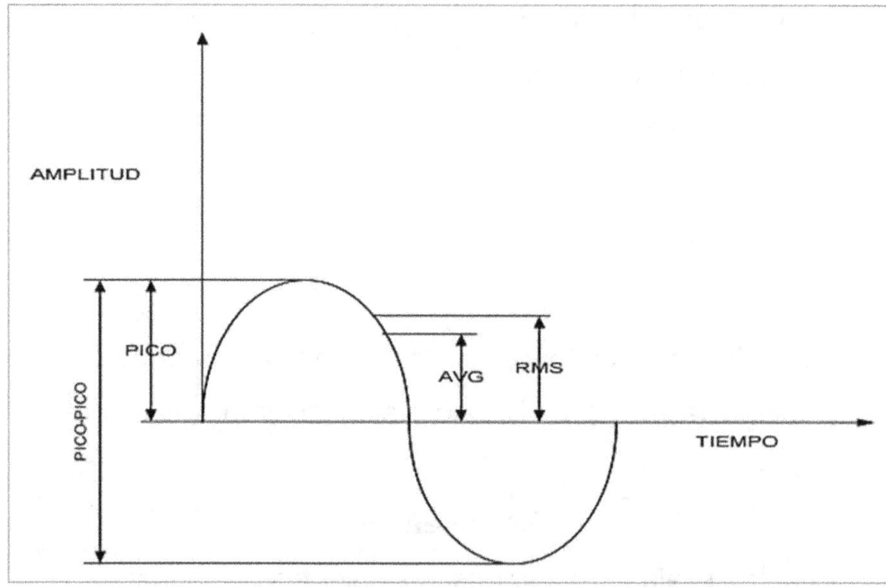

Amplitud De onda

La figura muestra un desfase de 180° en las ondas vibratorias generadas por dos discos, con el mismo período y frecuencia:

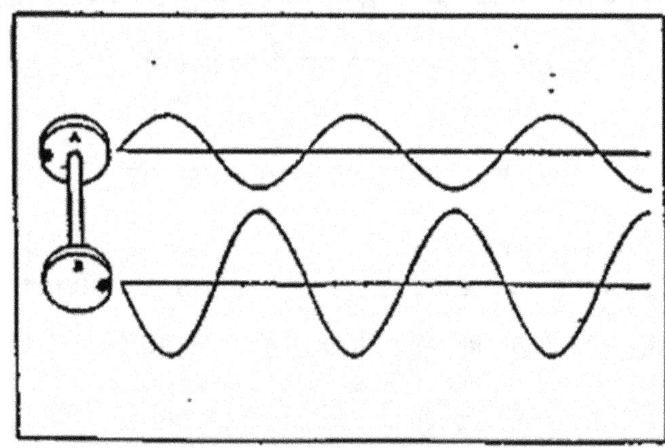

Discos solidarios desfasados 180°

-Factor de amortiguación: Capacidad interna que tiene todo sistema mecánico para disipar la energía vibratoria. Factor a tener en cuenta pues afecta a los valores de amplitud de vibración y su transmisión a los sensores de los aparatos medidores.

Instrumentos de medida de vibración

-Transductores: Es el elemento sensor que transforma la vibración mecánica en una señal eléctrica analógica para ser procesada, medida y analizada.

Transductor de desplazamiento: Corriente de fugas.

Se usan para bajas frecuencias (< 10 Hz) en cojinetes de fricción de turbomaquinaria, para monitorizado en continuo. Permite establecer niveles de alarma que avisan cuando se alcanzan determinados valores inadmisibles, actuando incluso sobre la máquina parándola en caso de riesgo importante.

Emiten una señal analógica proporcional a la amplitud del desplazamiento, pero en realidad están midiendo la corriente de fugas generada por variación de la holgura entre sensor y eje.

Transductor de velocidad: Sísmico (imán permanente en el centro de una bobina de cobre). Cuando la carcasa vibra, vibra igualmente el imán induciendo una tensión proporcional a la velocidad del movimiento (Ley de Faraday). Rango de medidas 10 a 1000 Hz. Dimensiones relativamente grandes.

Transductor de aceleración: Piezoeléctricos. Genera una tensión proporcional a la aceleración, por presión sobre un cristal piezoeléctrico. Puede captar con precisión señales entre 1 Hz y 15.000 Hz, por lo que son apropiados para tomar datos de vibración a alta frecuencia (>1000 Hz).

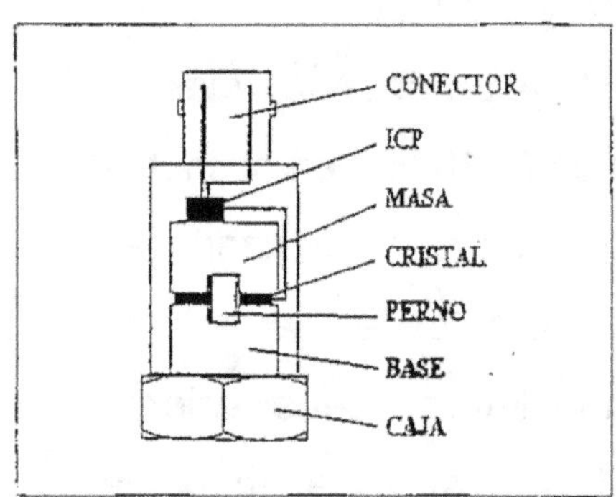

Transductor piezoeléctrico

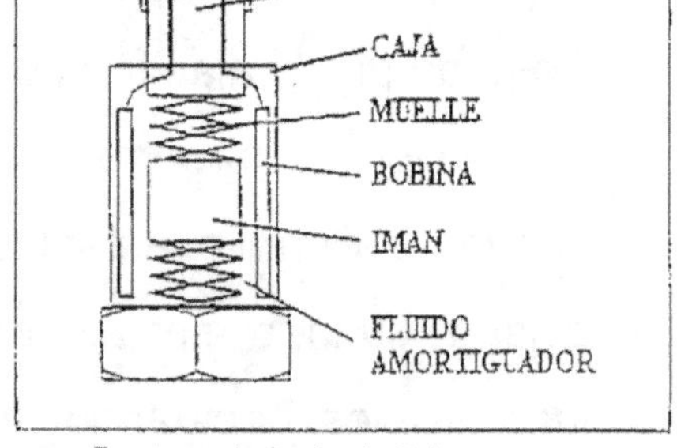

Transductor sísmico de velocidad

Tanto uno como otros pueden ser instalados en instrumentos de medida de vibraciones que podemos clasificar del siguiente modo:

a) Atendiendo a la capacidad de análisis del instrumento:

- Vibrómetros de valor global.
- Analizadores de frecuencia.

b) Atendiendo a las características de uso:

- Aparatos portátiles, para medidas puntuales en campo.

- Sistemas fijos, para monitorizado en continuo.

-Los vibrómetros son instrumentos que reciben la señal eléctrica de un transductor y la procesan (filtrado, integración) para obtener el valor del nivel global de vibración. Son fáciles de manejar, de poco peso y costo asequible.

-Analizadores de frecuencia, pueden convertir una muestra de señal en el dominio de tiempo en una señal espectral o dominio de la frecuencia. Esta es la representación más útil para el analista pues mientras la frecuencia (eje horizontal) identifica el tipo de problema, su amplitud (eje vertical) nos da la severidad del mismo. Conocido comúnmente como FFT (Fast Fourier Transformed).

Establecimiento de un programa de medidas de vibraciones

La medida del nivel vibratorio de una máquina persigue conseguir los datos necesarios para analizar, con tiempo suficiente, un problema cuando su estado es incipiente, de forma que nos permita tomar medidas correctoras antes de que el deterioro sea mayor y de peores consecuencias.

El análisis de vibraciones consta de dos etapas bien diferenciadas. La primera es la adquisición de datos y la segunda es la interpretación de los mismos para hacer diagnósticos de fallos. La adquisición de datos supone dar la siguiente serie de pasos, en cada una de las máquinas a controlar:

1.- Determinar las características de diseño y funcionamiento de la máquina que están directamente relacionadas con la magnitud de las vibraciones como son:

-Velocidad de rotación

-Tipo de rodamientos y posición.

-Datos de engranajes (número de dientes, velocidad).

-posible presencia de cojinetes de fricción.

2.- Seleccionar los parámetros de medición (desplazamiento, velocidad o aceleración) dependiendo de la frecuencia del elemento rotativo. Ello determina el transductor que es preciso utilizar, como hemos indicado antes.

3.- Determinar la posición y dirección de las medidas. Se tomará generalmente en rodamientos o puntos donde sea más probable que se transmitan las fuerzas vibratorias. En la figura se indican las tres direcciones del espacio en que se deben tomar medidas en un rodamiento.

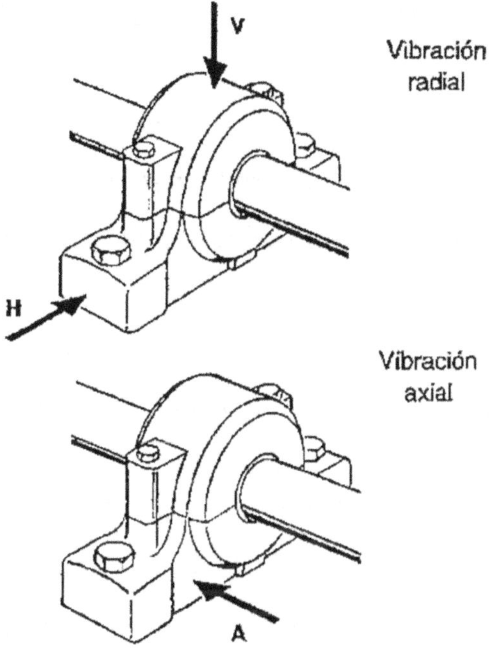

Sentido de toma de datos en un soporte

4.- Seleccionar el instrumento de medición y transductores.

5.- Determinar los datos requeridos, según el propósito de la medida.

El propósito de la medida puede ser: medidas de rutina, para vigilancia del estado y creación de una base de datos histórica para conocer el valor habitual en condiciones normales.

Medidas antes y después de una reparación, para análisis y diagnóstico de problemas.

Los datos obtenidos pueden ser:

Magnitud total, para determinar el estado general

Espectro amplitud-frecuencia, para diagnóstico de problemas

6.- Toma de datos.

Es importante asegurar la calidad en la toma de datos pues de ello va a depender, en gran manera, los resultados del análisis efectuado.

Para ello debe establecerse sin ambigüedades y de forma metódica:

 a) Los lugares de la toma de datos, que serán siempre los mismos. El transductor debe mantenerse unido de forma firme para garantizar la exactitud de la medida.

 b) la secuencia y sentido de las medidas, para que las mismas sean

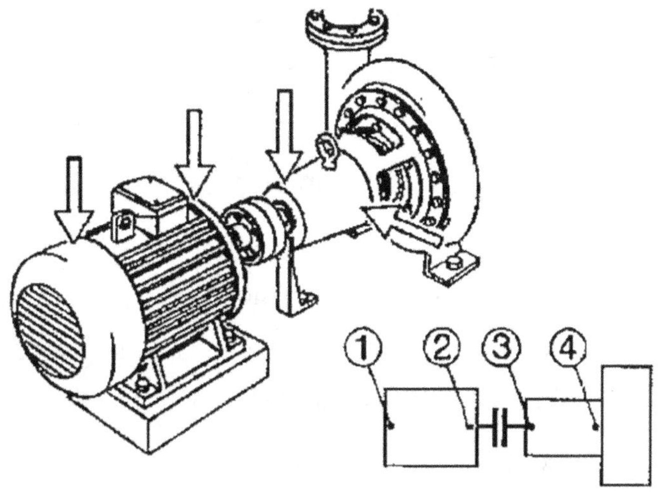

Puntos de toma de datos motor y bomba

Diagnóstico de problemas por análisis de vibraciones

El paso siguiente, una vez que hemos obtenido los datos, es el diagnóstico que consiste en identificar la causa del problema que nos permitirá decidir la solución más apropiada y el momento oportuno de la reparación, para optimizar el coste. Generalmente la máxima vibración aparece en los puntos donde se localiza el problema, aunque muchas veces la vibración se transmite a otros puntos de la máquina, aunque en ellos no se encuentre el problema y ello puede desorientar al analista. El análisis del espectro amplitud-frecuencia puede indicar el tipo de defecto existente, pero muy pocas veces aparecen problemas únicos y, por tanto, espectros donde se refleje un defecto claramente. La experiencia y conocimientos de la máquina son fundamentales a la hora de identificar la causa que produce una vibración elevada. A continuación, se estudian los problemas más comunes que se pueden identificar analizando el espectro de las máquinas rotativas:

- Desequilibrio de rotores.
- Desalineación de ejes.
- Holguras.
- Fallos en rodamientos.
- Defectos en engranajes.

Pueden ser diagnosticados por el análisis de las Vibraciones que generan.

Desequilibrio dinámico de rotores

Problema muy común que se presenta cuando el centro de masa no coincide con el eje de rotación. Puede deberse a las siguientes causas:

Montaje deficiente de los elementos del rotor.

Asimetrías en montaje de álabes, palas y hélices.

Desgaste del rotor o sus partes.

Desprendimiento de elementos del rotor.

Especificaciones de equilibrado incorrectas o inexistentes.

Su espectro en frecuencia se caracteriza por los siguientes síntomas:

Picos de gran amplitud a 1 x rpm de giro en dirección radial.

Escaso nivel de vibración a 1 x rpm de giro en dirección axial.

Armónicos de la frecuencia de giro del rotor de baja amplitud.

Forma de onda senoidal a 1 x rpm

Para conocer la cantidad de desequilibrio hay que encontrar la amplitud de la vibración en la frecuencia igual a 1 x rpm. La amplitud es proporcional a la cantidad de desequilibrio.

Normalmente, la amplitud de vibración es mayor en sentido radial (horizontal y vertical) en las máquinas con ejes horizontales, aunque la forma de la gráfica sea igual en los tres sentidos.

Como se ha dicho antes, para analizar datos de vibraciones son tan importantes la experiencia y el conocimiento de la máquina como los datos tomados en ella. Cuando aparece un pico en frecuencia igual a

1 x rpm el desequilibrio no es la única causa posible, pues la desalineación también puede producir picos a esta frecuencia. Al aparecer vibraciones en esta frecuencia existen otras causas posibles como los engranajes o poleas excéntricas, falta de alineamiento o eje torcido si hay alta vibración axial, bandas en mal estado (si coincide con sus rpm.), resonancia o problemas eléctricos; en estos casos además del pico a frecuencia de 1 x rpm. habrá vibraciones en otras frecuencias. En general, si existen armónicos de gran amplitud de la velocidad de giro del rotor, puede deducirse la existencia de otros defectos mecánicos adicionales.

Desalineación

Se presenta cuando las líneas centrales de dos ejes acoplados no son coincidentes (paralelismo), o bien cuando forman un cierto ángulo. Se distinguen, pues, los siguientes tipos de desalineación:

Desalineación radial u offset.

Desalineación angular.

Desalineación compuesta (offset + angular).

Otras desalineaciones (rodamientos y poleas).

Las características espectrales de la desalineación son:

Grandes picos de amplitud a 1 x rpm y 2 x rpm de giro, dirección axial.

Grandes niveles de vibración a 1 x rpm y 2 x rpm de giro, en dirección radial.

Bajas amplitudes en los picos de armónicos 3 x rpm de giro y sucesivos.

Forma de onda temporal repetitiva y sin impactos

La desalineación paralela produce fuertes componentes radiales a 1 x rpm y 2 x rpm de giro.

La desalineación angular produce un fuerte pico a 1 x rpm en dirección axial.

Casi nunca se dan los diferentes tipos de desalineación por separado. Un ejemplo del espectro de este problema se indica en la siguiente figura:

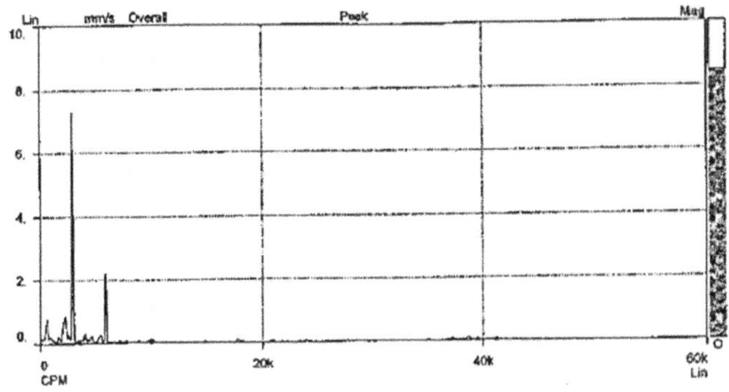

Holguras

- Holguras estructurales.

- Fijaciones a la base inexistentes o deterioradas.

- Alojamientos agrietados o partidos.

- Falta de apriete en sombreretes de cojinetes.

- Soportes de cojinetes defectuosos.

- Holguras en elementos rotativos.

- Álabes de rodete.

- Palas de ventilador.

- Rodamientos y cojinetes.

- Acoplamientos.

A la hora del diagnóstico, los tipos de holguras tienen los mismos síntomas:

- Gran número de armónicos de la velocidad de giro en el gráfico espectral.

- Naturaleza direccional de la vibración (grandes diferencias en sentido V-H).

- En algunos casos, pueden aparecer entre dos picos síncronos, otros a 1/2 y 1/3 de armónico.

- Ocasionalmente aparecen subarmónicos.

Forma de onda errática, sin un patrón claro de repetición

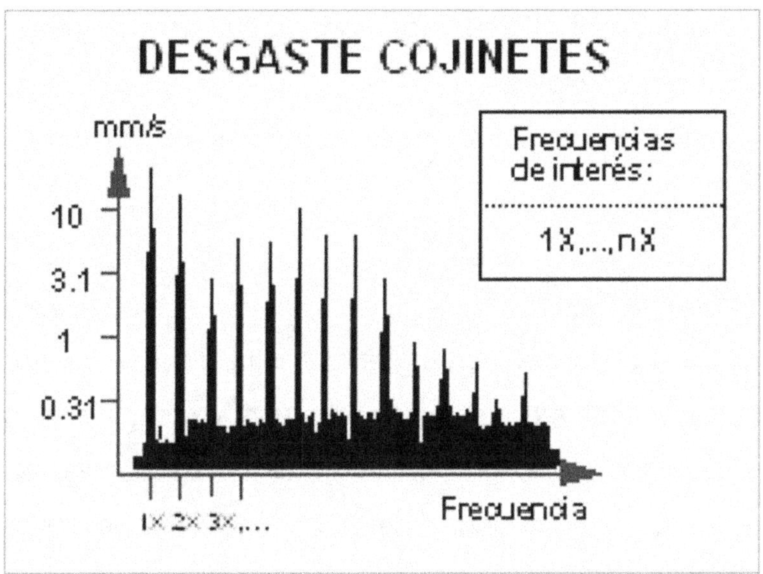

Fallos en Rodamientos

Son causas comunes de deterioro en rodamientos las siguientes:

-Daños producidos por inadecuado montaje.

-Lubricación excesiva o inadecuada.

-Mala selección del rodamiento.

-Vibración excesiva.

-Ajuste o tolerancia inadecuada.

Las características espectrales típicas son:

-Existencia de picos armónicos no síncronos.

-Espectro con bandas laterales a frecuencia del eje de giro (1 x rpm).

-Puede desarrollarse una banda ancha de energía en la base del espectro.

-La onda en el tiempo presenta impactos (medidos en G'S).

Cojinetes Planos

Si la frecuencia fundamental coincide con la de rotación del eje es indicio de una excentricidad o ajuste incorrecto del mismo. Si la frecuencia de vibración es alrededor del 50% de la de rotación, denota una autoexcitación causada por la película de aceite. En ese caso el eje no desliza uniformemente sobre la película de aceite, sino que oscila sobre la superficie fluida. Es debido a variaciones de temperatura y viscosidad del aceite. Cuando la frecuencia de vibración es doble que la de rotación es síntoma de cojinete o acoplamiento incorrectamente ajustados.

Fallos en Engranajes

La mayoría de los espectros de vibración en cajas de engranajes presentan un pico característico, independientemente de que los engranajes tengan o no algún defecto, debido a la gran cantidad de energía transmitida. Los picos de engrane (Gearmesh Frecuency) se producen a una frecuencia igual a la velocidad de giro multiplicada por el número de dientes:

GMF = N° de dientes x velocidad del engranaje

La amplitud de estos picos será mayor o menor dependiendo de la carga. Las bandas laterales de la frecuencia de engrane aparecen y crecen conforme la caja se deteriora.

Bombas Centrífugas y Ventiladores

Por su propia constitución y forma de trabajo dan lugar a un par pulsante cuya frecuencia es el producto del número de álabes por la velocidad de giro del eje. Esta frecuencia se llama frecuencia de paso de álabe y está causada por el propio campo de presión que se forma en el interior de las máquinas.

Problemas eléctricos

Es complicado reconocer gráficamente una vibración cuyo origen es de tipo eléctrico. La forma más sencilla es comprobar su desaparición una vez se desconecta eléctricamente la máquina, estando ésta rodando.

La tabla siguiente resume todo lo indicado hasta aquí y puede servir de guía para el diagnóstico:

Causa	Amplitud	Frecuencia	Fase	Consideraciones
Desequilibrio	Proporcional al desequilibrio. Mayor en la dirección radial	1 x r.p.m.	Simple marca de referencia	Es una de las causas de vibración más frecuente.
Desalineación o desajuste cojinetes	Grande en dirección axial	1 x r.p.m. normalmente, a veces 2 o 3 x r.p.m.	Simple, doble o triple	Es la causa más evidente de vibración axial. Si no existe una verdadera desalineación o desajuste equilibrar el rotor.
Cojinetes de bolas en malas condiciones	Inestable	Muy alta	Irregular	El cojinete estropeado es el que vibra más a alta frecuencia.
Excentricidad de casquillos o cojinetes de fricción	Ordinariamente pequeña	1 x r.p.m.	Unica	Con la máquina parada se puede comprobar el juego del eje con una palanca.
Engranajes en mal estado	Pequeña	Muy alta, normalmente núm. dientes x núm. rev.	Irregular	La vibración más alta se mide en el centro de las ruedas dentadas.
Aflojamiento mecánico		2 x r.p.m.	Doble marca de referencia	Siempre acompañado de desequilibrio o desalineación.
Banda de transmisión defectuoso	Irregular o pulsante	1,2, 3 y 4 x r.p.m. de la correa	1 o 2 según la frecuencia inestable	Para el control visual de la correa usar la lámpara estroboscópica.
Eléctrica	No elevada	1 o 2 la frecuencia síncrona o 1 x r.p.m.	Unica o doble, inestable	Si la amplitud desaparece al cortar la corriente la causa es eléctrica.
Fuerza hidráulica o aerodinámica		Nº de aspas del ventilador o del rotor x r.p.m. de la máquina		Cavitación, dañina en caso de resonancia.
Fuerza de movimientos alternativos		1 o 2 x r.p.m.		Solo se reducen por cambio de diseño o aislamiento.

Valores límites admisibles

Existen varias normas tanto nacionales como internacionales. Las propias compañías establecen sus límites, en función de su experiencia, según tipo de máquina e instalación.

La norma ISO 2372 tiene las siguientes características más relevantes:

- Aplicables a equipos rotativos en el rango 600 - 12.000 rpm.

Parámetros para su aplicación:

- Nivel global de vibración en velocidad.
- valor eficaz RMS, entre 10 y 1000 Hz.

Distingue varias clases de equipos:

- Clase I. Equipos pequeños hasta 15 KW
- Clase II. Equipos medios de 15-75 KW. o hasta 300 KW con cimentación especial.
- Clase III. Equipos grandes > 75 KW con cimentación rígida o > 300 KW con cimentación especial.
- Clase IV. Turbomaquinaria (equipos con RPM > Velocidad crítica).

Para conocer si un determinado nivel de vibraciones en una máquina concreta es admisible o no se aplica la tabla siguiente:

Gamas de severidad vibratoria		Ejemplos de apreciación de la calidad para grupos particulares de máquinas.			
Gama	Velocidad cuadrática en mm/s en los límites de la gama (RMS)	Grupo I	Grupo II	Grupo III	Grupo IV
0,28					
	0,28				
0,45		A			
	0,45		A		
0,71					
	0,71				
1,12		B		A	
	1,12				
1,80			B		A
	1,80				
2,80		C		B	
	2,80				
4,50			C		B
	4,50				
7,10		D		C	
	7,10				
11,2			D		C
	11,2				
18				D	
	18				
28					D
	28				
45					
	45				
71					

A - Bueno. B - Satisfactorio. C - Insatisfactorio. D - Inaceptable.

Otras normas sobre vibraciones en máquinas:

- ISO 2041 Vocabulario.

- ISO 2372 Vibraciones de Máquinas con velocidades de operación de 10 a 200 rev./s.
- ISO 2373 Vibraciones de Maquinaria eléctrica con eje entre 80 y 400 m/m.
- ISO 2954 Vibraciones de Maquinaria Rotativa y Alternativas (Instrumentos).
- ISO 3945 Vibraciones en grandes máquinas con velocidad entre 10 y 200 rev/s.
- ANSI 52.17-1980 Técnicas de Medida de Vibraciones en Maquinaria.

Monitorización de equipos

-El seguimiento del nivel de vibraciones y, por tanto, del estado de la maquinaria se puede hacer con instrumentos portátiles o en continuo. En el primer caso se toman lecturas periódicas a la maquinaria a controlar, siempre en los mismos puntos.

Posteriormente se analizan los datos tomados. Existen instrumentos registradores que, previamente definida la ruta y los puntos de medida, pueden volcar las medidas efectuadas directamente en la memoria de programas que ayudan al diagnóstico o simplemente alertar cuando se superan los límites preestablecidos.

Se evitan así errores de transcripción.

-El monitorizado en continuo se emplea cuando el fallo en la máquina puede aparecer de manera repentina o bien cuando las consecuencias del fallo son inaceptables (turbogeneradores y turbo maquinaria en general, que son máquinas únicas, costosas y críticas para el proceso).

-Para establecer un plan de monitorizado continuo hay que dar los siguientes pasos:

1) Seleccionar las máquinas a monitorizar.

2) Seleccionar el tipo de monitorización requerida.

3) Formar al técnico que dirija el programa y seleccione la instrumentación apropiada.

4) Determinar la condición normal, niveles de alarma y de disparo para cada máquina seleccionada.

Gestión del mantenimiento asistido por ordenador

La cantidad de informaciones cotidianas disponibles en un servicio de mantenimiento implica medios de recogida, almacenamiento y tratamiento que solo lo permite el útil informático.

Un programa de mantenimiento asistido por ordenador (GMAO) ofrece un servicio orientado hacia la gestión de las actividades directas del mantenimiento, es decir, permite programar y seguir bajo los tres aspectos, técnico, presupuestario y organizacional, todas las actividades de un servicio de mantenimiento y los objetos de esta actividad a través de terminales distribuidos en oficinas técnicas, talleres, almacenes y oficinas de aprovisionamiento.

Deberá tener una concepción modular que permita una implantación progresiva, aunque en cualquier caso hay que contar con un esfuerzo importante para la "documentación completa de las nomenclaturas" antes de poder ser utilizados.

Un programa GMAO puede implicar una "eficaz modificación de las funciones del mantenimiento". Lo ideal es que, en un primer momento, no modifique demasiado los procedimientos, pero ayude a precisarlos.

La tendencia actual es su desarrollo en lenguajes de 4ª generación (entornos gráficos), sobre bases de datos relacionadas.

Podemos indicar que aporta las siguientes principales ventajas:

- Exige que se ponga orden en el servicio de mantenimiento.

- Mejora la eficacia.

- Reduce los costos de mantenimiento.

- Es una condición previa necesaria para mejorar la disponibilidad de los equipos.

Las cifras medias conocidas de rentabilidad son:

- Reducción de un 6% en los costos de mantenimiento (mano de obra, propia, ajena, materiales, repuestos).

- Mejora de un 15% de la eficacia industrial (productividad, carga pendiente, urgencias, horas extras, tiempos perdidos, eficacia de las acciones por decisiones tomadas en base a una información veraz y actual, mejor aprovechamiento de los recursos, etc.).

- Tiempo de retorno de la inversión de dos años.

- En cuanto a los gastos de su implantación, indicar que no es sólo el costo del programa.

La inversión total de implantación de un programa GMAO suele ser:

- Costo del Software, 25%.

- Costo del Hardware, 25%.

- Tiempo dedicado a la documentación e integración, 35%.

- Formación de usuarios, 15%.

Campos a gestionar

Existen, bajo la denominación de GMAO, diversas categorías de programas:

- Programas de Gestión del Mantenimiento, bastante parecidos a los de Gestión Administrativa; su función fundamental es llevar informáticamente la función de mantenimiento, sus gastos de mano de obra y de material, así como los stocks de repuestos.

- Programas de ayuda a la decisión y a la optimización de las funciones de preventivo, que permiten decidir las acciones y sus frecuencias en función de los informes de intervenciones.

- Programas de ayuda a la explotación de los equipos que utilizan informaciones de disponibilidades y de ayuda al diagnóstico.

Las funciones más frecuentes a realizar son las siguientes:

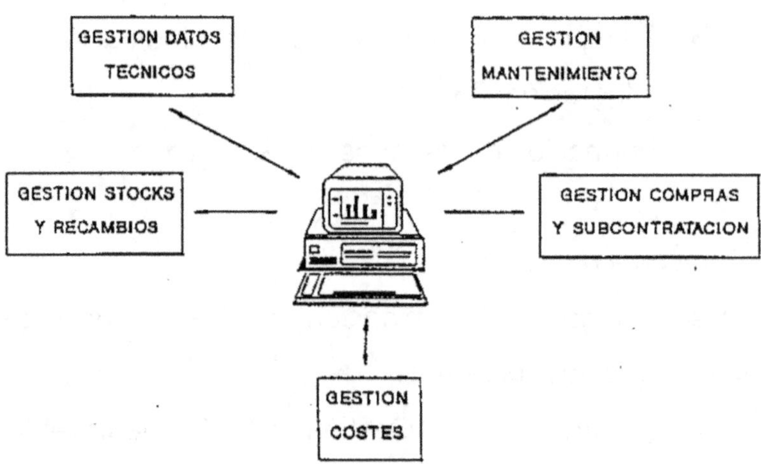

-Gestión de datos técnicos.

-Gestión del mantenimiento de equipos.

-Gestión de compras y subcontratación.

-Gestión de stocks de repuestos.

-Seguimiento y Control de Gastos del Mantenimiento.

-Sistema de Información (Cuadro de Mando).

A continuación, se indican cuáles son sus funcionalidades típicas:

Gestión de datos técnicos

- Descripción y Codificación detallada de todos los equipos.
- Descripción y Codificación de las piezas de recambio.
- Especificaciones y datos técnicos de equipos y piezas (materiales, fabricante, condiciones de servicio, etc.).

Gestión del Mantenimiento de Equipos

Planificación y organización de las intervenciones:

- Preventivas (sistemático, predictivo).
- Correctivas (arreglos, reparación).
- Tratamiento de urgencias y cargas de trabajo.
- Ordenes de trabajo, lanzamiento.
- Preparación y programación de trabajos.
- Control de trabajos terminados.
- Histórico de equipos.
- Análisis estadístico de fallos y operaciones de Mantenimiento (MTBF, MTTR, λ, μ, D).

Gestión de Compras y Subcontratación

- Lanzamiento de Propuestas de Compra y Contratación.
- Petición y Comparación de Ofertas.
- Lanzamiento y seguimiento de Pedidos.
- Recepción/Certificación de Pedidos.

Gestión de Stocks

- Control de existencias.
- Emisión de órdenes de reaprovisionamientos.
- Gestión de listas de reservas.
- Inventarios rotativos y control del inmovilizado.
- Control de roturas de stocks y optimización del mismo.

Gestión de Costes

Control sistemático de Gastos:

-Por cuentas de cargo (Plantas, Unidades, etc.).

-Por conceptos de cargo (Propio, Ajeno, Repuestos).

-Por naturaleza (Pintura, Mecánica, Electricidad, Instrumentación, etc.).

-Por zonas o responsables.

-Etc.

Comparación sistemática del gasto real con el Presupuesto: Desviaciones.

Ayudas para la confección del Presupuesto anual del servicio.

Estadísticas, Cuadro de Mando, Ratios

Toda la información manejada por los módulos anteriores debe ser convenientemente recopilada, sintetizada, ordenada y tratada para convertirla en información fácil de asimilar y utilizar mediante una serie de gráficos, tendencias, ratios, etc. que muestren la marcha del servicio, grado de aproximación a los objetivos marcados, desviaciones, etc. En esencia lo que denominamos el cuadro de mando, que debe orientar y aconsejar al jefe de mantenimiento en la toma de decisiones. Cada vez es más frecuente se incorporen módulos para la gestión documental (planos, información técnica). Es uno de los módulos más útiles para mantenimiento.

Diagnóstico mediante sistemas expertos

Cuando los programas de ayuda al mantenimiento son capaces de diagnosticar fallos se habla de MAO

(Mantenimiento Asistido por Ordenador). Entre ellos
también existen categorías:

Sistemas integrados en autómatas programables. Necesitan una programación particular.

Tarjetas de diagnóstico o de adquisición datos. Comparan en tiempo real los ciclos de las máquinas a un estado de buen funcionamiento inicial o teórico.

Generadores de sistemas expertos, que permiten buscar la causa inicial (raíz) del fallo, si se ha documentado correctamente.

Los sistemas expertos (S.E.) representan un campo dentro de la llamada Inteligencia artificial que más se ha desarrollado en la actualidad en el área de diagnósticos en mantenimiento, después de una probada eficacia en el campo de la medicina. Los S.E. son programas informáticos que incorporan en forma operativa, el conocimiento de una persona experimentada, de forma que sea capaz tanto de responder como de explicar y justificar sus respuestas. Los expertos son personas que realizan bien las tareas porque tienen gran cantidad de conocimiento específico de su dominio, compilado y almacenado en su memoria a largo plazo. Se necesita al menos 10 años para adquirir tal información, la cual está formada por:

-Conocimientos básicos y teóricos generales

-Conocimientos heurísticos (hechos, experiencias)

Es casi imposible que se obtengan todos a partir de la experiencia solamente.

La diferencia de un S.E. con respecto a los programas informáticos convencionales radica en que los S.E., además de manejar datos y conocimientos sobre un área específica, contiene separados el conocimiento expresado en forma de reglas y hechos, de los procedimientos a seguir en la solución de un determinado problema. Finalmente, los S.E. pueden justificar sus resultados mediante la explicación del proceso inductivo utilizado.

Los S.E. son programas más de razonamiento que de cálculo, manipulan hechos simbólicos más que datos numéricos.

El primer S.E. de diagnóstico fue el MYCIN (1976) para diagnóstico médico (Universidad de Stanford). Después se han desarrollado una gran cantidad de S.E. de diagnóstico en diversas áreas (química, geología, robótica, diagnóstico, etc.).

Componentes de un S.E.

Base de Conocimiento y Base de Hechos.

Es el lugar dentro del S.E. que contiene las reglas y procedimientos del dominio de aplicación, que son necesarios para la solución del problema. El conocimiento se almacena para su posterior tratamiento simbólico. Se entiende por tratamiento simbólico a los cálculos no numéricos realizados con símbolos, con el fin de determinar sus relaciones.

El Módulo de reglas, que se encuentra en la Base de Conocimientos, contiene los conocimientos operativos que señalan la manera de utilizar los datos en la resolución de un problema, simulando el razonamiento o forma de actuar del experto.

La Base de Hechos se estructura en forma de base de datos.

Ejemplo: Hecho 1: un aceite diluido reduce la presión de lubricación.

Regla 1: SI el aceite está diluido, ENTONCES la presión del aceite se reducirá.

-Motor de Inferencia.

Es la unidad lógica que controla el proceso de llegar a conclusiones partiendo de los datos del problema y la base de conocimientos. Para ello sigue un método que simula el procedimiento que utilizan los expertos en la resolución de problemas. Su módulo de control señala cuál debe ser el orden en la aplicación de las reglas.

-Interfase de Usuarios.

Componente que establece la comunicación entre el S.E. y el usuario.

-Adquisición del Conocimiento.

Es el proceso de extracción, análisis e interpretación posterior del conocimiento, que el experto humano usa cuando resuelve un problema particular y la transformación de este conocimiento en una representación apropiada en el ordenador.

-Mecanismo de aprendizaje.

Es el proceso mediante el cual el S.E. se perfecciona a partir de su propia experiencia.

Los S.E. pueden estar desarrollados en lenguajes clásicos de programación (BASIC, FORTRAN, COBOL), en lenguajes de inteligencia artificial I.A. (LISP, PROLOG), en lenguajes orientados a objetos (SMALLTALK) y conchas o shell, que son entornos más sofisticados en los cuales solo hay que introducir los conocimientos, utilizando sus propios módulos de representación del conocimiento.

Justificación del uso de un sistema experto

A la hora de plantearse el uso de un S.E. hay que determinar si el problema es adecuado para resolverlo mediante S.E. Para ello se tienen en cuenta tres condiciones:

- Plausibilidad (que sea posible).
- Justificación.
- Adecuación.

Plausibilidad

Existencia de expertos en el área del problema. Los conocimientos del experto no solo son teóricos, sino que además aporta experiencia en su aplicación.

Los expertos deben poder explicar los métodos que usan para resolver los problemas.

Disponer de casos de pruebas que permitan comprobar los casos desarrollados.

La tarea no debe ser ni demasiado fácil ni demasiado difícil. Lo más difícil es expresar el conocimiento en la estructura adecuada para el S.E.

Justificación

Ventajas que ofrece su utilización.

Rentabilidad económica.

Adecuación

Problemas que no se presten a una solución algorítmica.

Problema suficientemente acotado para que sea manejable y suficientemente amplio para que tenga interés práctico.

Problemas con ciertas cualidades intrínsecas como:

Conocimiento subjetivo, cambiante, dependiente de los juicios particulares de las personas, etc.

Bibliografía

"Teoría y Práctica del Mantenimiento industrial". F. Monchy. MASSON, S. A.

"Gestión del Mantenimiento". Ing. Miguel D'Addario.

"Manual de mantenimiento de instalaciones industriales". A. Baldín, L. Furlanetto, A. Roversi.

"Gestión del Mantenimiento". Francis Boucly. AENOR.

"Tecnología del Mantenimiento Industrial". Félix Cesáreo Gómez de León.

"Técnicas del Mantenimiento y Diagnóstico de Máquinas Eléctricas Rotativas". Manés Fernández Cabanas y Otros.

"Teoría y Práctica del Mantenimiento industrial". F. Monchy. MASSON, S. A.

"Manual de mantenimiento de instalaciones industriales". A. Baldín, L. Furlanetto, A. Roversi.

"Mantenimiento: Fuente de Beneficios". Jean Paul Souris. Díaz de Santos.

"Gestión del Mantenimiento. Criterios para la Subcontratación". J.M. de Bona. F. Confemetal.

"Gestión integral del Mantenimiento". Elola, Tejedor y Muguburu.

"Management of Industrial Maintenance". A. Kelly & M.J. Harris.

"La Maintenance Productive Totale. Seiichi Nakajima. AFNOR". Paris.

"El Mantenimiento en España". Encuesta sobre la situación en las empresas españolas. Asociación Española del Mantenimiento.

"TPM en Industrias de Procesos". Tokutaro Suzuki.

"Maintenance Engineering Handbook". Lindley R. Higgins.

"Hacia la excelencia en Mantenimiento". Francisco Rey Sacristán.

"TGP". Hoshin, S.L.

"Organización y Liderazgo del Mantenimiento". John Dixon Campbell.

"Teoría y Práctica del Mantenimiento Industrial Avanzado" J. González Fernández.

"Mantenimiento de Motores de Combustión Interna Alternativos". Vicente Macián Muñoz.

"Práctica de la Lubricación". R. Benito Vidal.

"Improving Machinery Reliability". Heinz P. Bloch. Gulf Publishing Co. Houston.

"Machinery Failure Analysis Troubleshooting". H. P. Bloch. Gulf Publishing Co. Houston.

"Machinery Component Maintenance and Repair". H. P. Bloch. Gulf Publishing Co. Houston.

"Major Process Equipment Maintenance and Repair". H.P. Bloch. Gulf.

"Sawyer's Turbomachinery Maintenance Handbook" (3 vol.) J.W. Sawyer Turbomachinery International Publications. Norwalk (Connecticut, USA).

"Manual SKF de mantenimiento de rodamientos". SKF. Suecia.

"Tecnología del Mantenimiento Industrial". Félix Cesáreo Gómez de León. Universidad de Murcia.

"Maintenance Engineering Handbook". Lindley R. Higgins.

"Análisis PM". Kunio Shirose y Otros.

"Mantenimiento de Motores Diesel". V. Macian.

Mantenimiento Industrial

Gestión, prevención, corrección, predicción, usos

Edición EMD

Primera edición

Comunidad Europea

2021